大连海事大学校企共建特色教材

大连海事大学—海丰国际教材建设基金资助

U0650798

主 编 ◉ 孙 昂 刘德良 曹淑华

计算机
辅助设计与制造

（第二版）

JISUANJI FUZHU SHEJI YU ZHIZAO

大连海事大学出版社

DALIAN MARITIME UNIVERSITY PRESS

图书在版编目(CIP)数据

计算机辅助设计与制造／孙昂，刘德良，曹淑华主编. — 2 版. — 大连：大连海事大学出版社，2023.12
ISBN 978-7-5632-4484-3

Ⅰ. ①计⋯ Ⅱ. ①孙⋯ ②刘⋯ ③曹⋯ Ⅲ. ①计算机辅助设计—教材②计算机辅助制造—教材 Ⅳ. ①TP391.7

中国国家版本馆 CIP 数据核字(2023)第 236298 号

大连海事大学出版社出版

地址:大连市黄浦路523号　邮编:116026　电话:0411-84729665(营销部)　84729480(总编室)
http://press.dlmu.edu.cn　E-mail:dmupress@dlmu.edu.cn

大连天骄彩色印刷有限公司印装　　　　　　大连海事大学出版社发行

2019 年 5 月第 1 版　　2023 年 12 月第 2 版　　2023 年 12 月第 1 次印刷
幅面尺寸:184 mm×260 mm　　　　　　　　印张:10.25
字数:235 千　　　　　　　　　　　　　　印数:1~500 册
出版人:刘明凯

责任编辑:王　琴　　　　　　　　　　　　责任校对:任芳芳
封面设计:解瑶瑶　　　　　　　　　　　　版式设计:解瑶瑶

ISBN 978-7-5632-4484-3　　　　　　定价:26.00 元

总前言

　　航运业是经济社会发展的重要基础产业,在维护国家海洋权益和经济安全、推动对外贸易发展、促进产业转型升级等方面具有重要作用,对我国建设交通强国、海洋强国具有重要意义。大连海事大学作为交通运输部所属的全国重点大学、国家"双一流"建设高校,多年来为我国乃至国际航运业培养了大批高素质航运人才,对航运业的发展起到了重要作用。

　　进入新时代以来,党中央、国务院及教育主管部门对高等教育的人才培养体系提出了更高要求,对教材工作尤为重视。根据要求,学校大力开展了新工科、新文科等建设及产教融合、科教融合等改革。在教材建设方面,学校修订了教材管理相关制度,建立了校企共建本科教材机制,大力推进校企共建教材工作。其中,航运特色专业的核心课程教材是校企共建的重点,涉及交通运输、海洋工程、物流管理、经济金融、法律等领域。

　　2021年以来,大连海事大学与海丰国际控股有限公司签订了校企共建教材协议,共同成立了"大连海事大学校企共建特色教材编委会"(简称"编委会"),负责指导、协调校企共建教材相关工作,着力建成一批政治方向正确、满足教学需要、质量水平优秀、航运特色突出、符合国家经济社会发展需求和行业需求的高水平专业核心课程教材。编委会成员主要由大连海事大学校领导和相关领域专家、海丰国际控股有限公司领导和相关行业专家组成。

　　校企共建特色教材的编写人员经学校二级单位推荐、学校严格审查后确定,均具有丰富的教育教学和教材编写经验,确保了教材的科学性、适用性。公司推荐具有丰富实践经验的行业专家参与共建教材的策划、编写,确保了教材的实践性、前沿性。学校的院、校两级教材工作委员会、党委常委会通过个人审读与会议评审相结合,校内专家与校外专家相结合等不同形式对教材内容进行学术审查和政治审查,确保了教材的学术水平和政治方向。

　　在校企共建特色教材的编写与出版过程中,海丰国际控股有限公司还向学校提供了经费资助,在此表示感谢。大连海事大学出版社对教材校审、排版等提供了专业的指导与服务,在此表示感谢。同时,感谢各方领导、专家和同仁的大力支持和热情帮助。

　　校企共建特色教材的编写是一项繁重而复杂的工作,鉴于时间、人力等方面的因素,教材内容难免有不妥之处,希望专家不吝指正。同时,希望更多的航运企事业单位、专家学者能参与到此项工作中来,为我国培养高素质航运人才建言献策。

大连海事大学校企共建特色教材编委会

2022 年 12 月 6 日

第二版前言

计算机辅助设计与制造(CAD/CAM)技术是计算机技术与电子信息技术、机械设计、制造技术相互结合与渗透而产生的一门综合性应用技术,具有知识密集、学科交叉、综合性强、应用范围广等特点。CAD/CAM 技术的发展与应用,不仅改变了产品设计制造的工作内容与方式,而且有利于发挥设计人员的创造性。

目前基于 CAD/CAM 的现代工业技术知识已经成为高等学校工程类人才培养的一项重要内容。本书的编写遵循实际、实践和实用的原则,兼顾理论基础和实际应用,系统地讲述 CAD/CAM 技术的基本概念、应用方法和关键技术,为学生应用和开发 CAD/CAM 软件奠定基础,培养学生应用计算机从事产品开发、生产和系统集成的能力。

作为工程应用专业类教材,本书的本次修订侧重 CAD/CAM/CAPP 技术的功能原理、技术实现。在全书结构上,添加了"计算机图形处理技术"一章的内容。根据逻辑关系调整了第一版"计算机辅助工艺过程设计"一章中相关各节的前后顺序。在技术应用方面,以更多应用实例来阐述各项技术的实际工程应用。本次修订提高了本书内容的完整性、逻辑的严谨性和实用性,更加便于教师组织教学和学生自学。

本书主要内容包括六章,第 1 章 CAD/CAM 概述,包括 CAD/CAM 技术的基本概念、发展过程、基本功能,CAD/CAM 系统的组成、常见的主流软件介绍,CAD/CAM 技术的发展趋势;第 2 章计算机图形处理技术,包括图形变换、窗口与视区、图形裁剪等;第 3 章产品数字化造型技术,包括三维几何实体建模表示方法及基于 Pro/E 的参数化三维造型技术等;第 4 章计算机辅助工艺设计,包括计算机辅助工艺设计概述、步骤及三种不同种类的 CAPP 系统等;第 5 章数控加工基础,包括数控编程基础及数控编程简介等;第 6 章计算机辅助数控加工过程仿真,包括基于 Pro/NC 的加工仿真流程及实例等。

本书由孙昂、刘德良、曹淑华主编。由于编者水平有限,加之时间仓促,书中疏漏与错误之处在所难免,诚恳欢迎读者批评指正。

编　者
2023 年 10 月

第一版前言

计算机辅助设计与制造(CAD/CAM)技术是计算机技术与电子信息技术、机械设计、制造技术相互结合与渗透而产生的一门综合性应用技术,具有知识密集、学科交叉、综合性强、应用范围广等特点。CAD/CAM 技术的发展与应用,不仅改变了产品设计制造的工作内容与方式,而且有利于发挥设计人员的创造性。

目前基于 CAD/CAM 的现代工业技术知识已经成为高等学校工程类人才培养的一项重要内容。针对机械、船机、物流工程、救捞等机械类或近机械类专业,大连海事大学开设了 CAD/CAM 技术基础、计算机辅助设计与制造、CAD/CAM/CAPP 等相关课程。本书融入了 CAD/CAM 技术的单元模块功能的相关内容,使其适应现代科学技术发展的需要,培养学生的现代化工程素质和创新能力,满足现代制造业对 CAD/CAM 人才的需求。

CAD/CAM 技术涉及的内容和应用范围十分广泛,本书以系统性和实用性为原则,取材合适,深度适宜,分量恰当。本书内容的阐述循序渐进,富有启发性、适应性,以便学生学习和激发其学习兴趣。

本书以机械类、近机械类专业本科生和专科生为主要读者对象,让其在学生掌握产品设计与制造等知识的基础上,系统学习 CAD/CAM 技术的基本原理与方法,为学生应用和开发 CAD/CAM 软件奠定基础,培养学生应用计算机从事产品开发、生产和系统集成的能力。

本书由孙昂、刘德良、曹淑华主编。由于编者水平有限,加之时间仓促,书中疏漏与错误之处在所难免,诚恳欢迎读者批评指正。

编 者
2019 年 3 月

目　录

第1章
CAD/CAM 概述

1.1 CAD/CAM 技术的基本概念

计算机辅助设计(CAD)和计算机辅助制造(CAM)是20世纪60年代发展起来的计算机综合应用技术。在机械制造领域,随着技术的进步,用户对产品质量的要求越来越高,产品更新换代的速度越来越快,产品从设计、制造到投放市场的周期越来越短。为了适应这一高效率、高技术竞争的时代,制造企业通过采用一系列先进技术来提高企业在市场中的竞争力,计算机辅助设计与制造(CAD/CAM,Computer Aided Design and Manufacturing)技术应运而生,并被国际上公认为20世纪90年代的重要技术成就之一。

CAD/CAM 将计算机辅助设计和计算机辅助制造集成,将产品设计和产品工艺通过计算机有机结合,用计算机处理产品生产周期所包含的各种数字信息与图形信息,辅助完成产品的设计和制造。CAD/CAM 技术将现代制造技术、电子信息技术、机械设计与计算机技术紧密结合,具有知识密集、学科交叉、综合性强、应用范围广等特点。CAD/CAM 技术是先进制造技术的重要组成部分,它的发展和应用使传统的产品设计、制造内容和工作方式等都发生了根本性的变化。CAD/CAM 技术已成为衡量一个国家科技现代化和工业现代化水平的重要标志之一。

CAD/CAM 的内容如图 1.1 所示。广义 CAD 包括产品设计和产品分析两大部分。产品设计包含任务规划、概念设计、结构设计和绘制图形等阶段,属狭义 CAD;产品分析包含力学分析、运动分析和优化设计,属计算机辅助工程(CAE,Computer Aided Engineering)。工艺设计涉及工艺规划、工序设计和工装设计等加工过程,属计算机辅助工艺设计(CAPP, Computer Aided Process Planning);生产实施涉及数控编程、加工仿真、数控加工、装配和测试检验等生产阶段,属计算机辅助制造(CAM,Computer Aided Manufacturing)。

CAD 是辅助工程设计人员以计算机和图形处理设备为工具,借助计算机强有力的计算功能和高效率的图形处理能力,运用专业知识,对产品进行总体设计、绘图、分析和编写技术

1

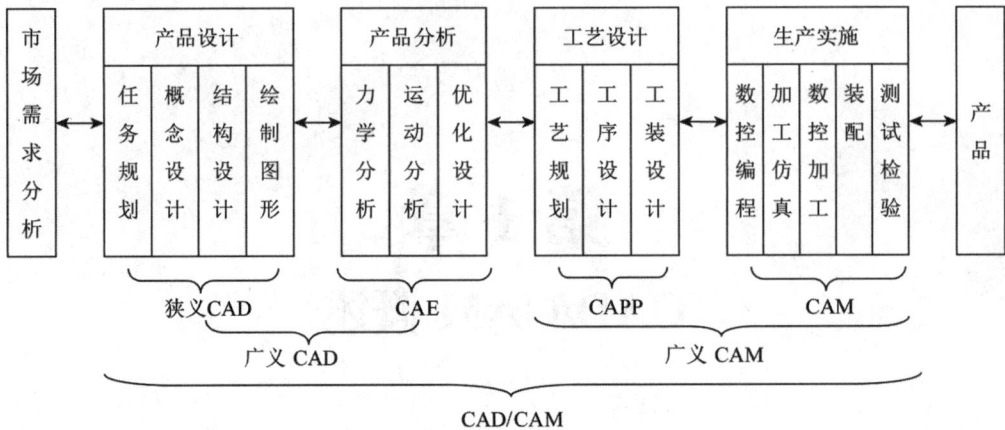

图 1.1　CAD/CAM 的内容

文档等设计活动的总称。CAD 的功能包括草图设计、零件设计、装配设计、工程分析、自动绘图、真实感显示及渲染等。此外,产品的 CAD 模型还可为 CAE 提供三维实体模型。

CAE 是用计算机辅助完成复杂工件和产品的结构强度、刚度、屈曲稳定性、动力响应、热传导、三维多体接触、弹塑性等力学性能的分析计算以及结构性能的优化设计等问题的一种近似数值分析方法,利用 CAE 系统可以进行产品的结构分析与优化。

CAPP 是以计算机为工具,根据产品设计所给出的信息,对产品的加工方法和制造过程进行的工艺设计。一般认为,CAPP 的功能包括毛坯设计、加工方法选择、工艺路线制定、工序设计和工时定额计算等。其中,工序设计又包括装夹设备的选择或设计、加工余量分配、切削用量选择,以及机床、刀具、夹具的选择和生成必要的工序图等。CAPP 可将企业产品设计数据转换为产品制造数据。

CAM 是将计算机应用于产品制造过程的总称,其核心是计算机数值控制[简称数控,NC（Numerical Control）],有狭义和广义两个概念。狭义 CAM 指的是从产品设计到加工制造的一切生产准备活动,它包括 CAPP、NC 自动编程、工时定额的计算、生产计划的制订、资源需求计划的制订等。广义 CAM 包含的内容则更广,除了包含狭义 CAM 定义的所有内容外,还包括制造活动中与物流有关的所有过程,如加工、装配、检验、存储、输送等活动的监视、控制和管理。

1.2　CAD/CAM 技术的发展过程

CAD/CAM 技术是随着电子信息技术、计算机技术、自动控制技术和网络技术的发展而逐步发展起来的,是制造技术与计算机技术相互结合、相互渗透而发展起来的一项综合性技术。

1.2.1　CAD 技术的发展

CAD 技术的发展与计算机技术、计算机图形技术的发展密切相关,共经历了以下五个发展阶段。

🔲 1.2.1.1　诞生阶段

1950 年,美国麻省理工学院(MIT)发明了第一台图形显示器,该显示器用一个类似于示波器的阴极射线管(CRT)来显示一些简单的图形,标志着计算机图形学的诞生。到 20 世纪 50 年代末期,类似的技术在设计和生产过程中陆续得到应用,标志着交互式计算机图形学的产生,为 CAD 技术的问世奠定了基础。

1959 年 12 月,MIT 在召开的一次计划会议上,明确提出了 CAD 的概念。

1962 年,MIT 林肯实验室的 Ivan E. Sutherland 发表了一篇题为《Sketchpad:一个人机通信的图形系统》的博士论文,第一次设计出"人机交互图形系统"。该系统使用了早期的电子管显示器,以及当时发明不久的光电笔,支持用户用光电笔在图形显示器上实现选择、定位等交互功能,也允许用户在指定的位置画出直线、圆等简单的图形。Sketchpad 是最早的计算机图形设计系统,采用人机界面和分层的数据结构,可以将一个较复杂的图形通过分层调用多个子图来合成,同时提出了交互图形的基本理论和显示技术,被认为是现代计算机辅助设计(CAD)的始祖。该系统也是第一个交互式电脑程序,成为其后众多交互式系统的蓝本。

🔲 1.2.1.2　发展应用阶段

20 世纪 60 年代,随着光栅显示器的产生,光栅图形学算法被开发出来,区域填充、裁剪、消隐等基本图形概念及相应算法纷纷出现,计算机图形学进入兴盛时期,开始出现实用的 CAD 图形系统。同期也出现了商品化的 CAD 设备,CAD 技术开始进入发展应用阶段。由于当时的计算机及图形设备价格高昂,技术复杂,只有一些实力雄厚的大公司才能使用这一技术。如 1964 年,美国通用汽车公司(GM)成功开发出用于汽车前玻璃线设计的 DAC-I 系统,使汽车工业首先进入 CAD 时代;同年,IBM 公司发明了计算机图像仪终端 IBM 2250 显示装置;1965 年,美国洛克希德·马丁空间系统公司组成专门小组,耗用了 100 人年的工作量,于 1972 年成功设计出一个用于飞机设计的交互式图像处理系统,该系统能绘制工程图,进行分析计算,并产生数控加工纸带,是世界上最早的 CAD/CAM 系统。

🔲 1.2.1.3　广泛应用阶段

20 世纪 70 年代,小型计算机的生产成本下降,美国工业界开始广泛使用交互式绘图系统。同期诞生了以自由曲面造型技术为基础的三维曲面造型系统,用于解决飞机及汽车制造中大量的自由曲面设计问题,标志着 CAD 技术从单纯辅助产品工程图纸设计向用计算机完整描述产品设计信息方向转化。

20 世纪 80 年代初,为了能够精确描述机件的质量、重心和转动惯量等物理特性,出现了基于实体造型技术的实体造型 CAD 系统。1979 年,美国的 SDRC 软件公司推出了世界上第一个基于实体造型技术的大型 CAD/CAM 软件 I-DEAS。实体造型技术是 CAD 发展史上的一次技术革命,它能够精确表达机件的物理属性,有助于统一 CAD、CAE、CAM 等的模型表达,既方便了机械设计,也指明了 CAD 技术的发展方向。20 世纪 80 年代中期,出现了参数

3

化实体造型技术,CAD 技术得到了广泛的应用。

1.2.1.4　高速发展阶段

进入 20 世纪 90 年代后,各种集成的 CAD 商品化软件日趋成熟,应用越来越广泛。图形接口、图形功能日趋标准化;多媒体技术和人工智能、专家系统等技术的应用极大地提高了设计的自动化程度,出现了智能 CAD 系统;随着计算机技术的不断成熟,CAD 系统具有了更良好的开放性。CAD 技术由单一模式、单一功能、单一领域,向标准化、集成化、网络化、智能化等方向发展。同期出现的参数化和变量化建模技术,使 CAD 系统成为产品设计的一个综合性的支撑环境,能够支持异地的、数字化的设计工作。

1.2.1.5　普及阶段

目前,随着计算机软、硬件及网络技术的发展,计算机已渗透到人们生产、生活的各个方面,出现了基于 PC+Windows 操作系统、工作站+UNIX 操作系统和网络环境的计算机辅助技术(CAX)。CAX 将 CAD、CAM、CAPP 和 CAE 等系统的功能集成应用,成为企业产品开发、设计、制造能力和技术先进性的重要标志,并进一步影响着企业在激烈的市场竞争中的生存空间和发展潜力。

1.2.2　CAM 技术的发展

计算机技术与机械制造技术相互结合和渗透,产生了计算机辅助设计与制造(CAD/CAM)技术,具有知识密集、综合性强、效益高等特点。20 世纪 50 年代初期,美国麻省理工学院(MIT)伺服机构试验室研制成功第一台数控铣床,其后又研制成功首台阴极射线管计算机"旋风(Whirlwind)",同时 MIT 研发了自动编程语言(APT,Automatically Programmed Tools)系统,能通过描述走刀轨迹实现计算机辅助编程。MIT 用计算机制作数控纸带,实现数控编程的自动化,标志着 CAM 的开始,其历史稍早于 CAD 技术。

随着交互式计算机图形显示技术的迅速发展,许多大公司认识到 CAM 技术的先进性和重要性,纷纷投入巨资,研发了一些早期的 CAD/CAM 系统。如 IBM 公司开发出具有绘图、数控编程和强度分析等功能的基于大型计算机的 SLT/MST 系统;1962 年,在数控技术的基础上,世界上第一台机器人研制成功,实现了物料搬运自动化;1965 年,美国洛克希德·马丁空间系统公司推出了 CAD/CAM 系统;1966 年,用大型通用计算机直接控制多台数控机床的 DNC 系统出现,初步形成了 CAD/CAM 产业。

早期的 CAM 系统以大型机为主,在专业系统上开发编程机及部分编程软件,系统结构为专机形式,基本的工作方式是以人工或计算机直接辅助计算数控刀路,编程目标与对象也是数控刀路,功能较差,操作困难,只能供专机使用。

随着 CAD 技术的发展和曲面生产的加工需求的增加,在早期 CAM 系统的基础上,出现了曲面 CAM 系统,系统结构一般采用 CAD/CAM 混合系统,能更好地利用 CAD 模型,以几何信息作为系统参照,自动生成加工刀路,提高了系统的自动化和智能化程度,具有代表性的系统有 UG、DUCT、Cimatron、MarsterCAM 等。

20 世纪 90 年代,CAD/CAM 技术进一步向标准化、集成化、网络化、智能化和自动化方向发展,突出特点表现在:面向对象、面向工艺特征,基于知识的智能化,能够独立运行,方便工艺管理。为了实现系统集成,更加强调信息和资源共享,强调产品生产与组织管理的自动化,能够解决系统存在的数据标准和数据交换问题,随之出现产品数据管理(PDM)软件系统。在这个时期,国外许多 CAD/CAM 软件系统更趋于成熟,商品化程度大幅度提高,如美国参数技术公司(PTC 公司)推出的 Pro/Engineer(简称 Pro/E)系统及美国 UNIGRAPHICS 公司研发的 UG 系统等。

进入 21 世纪,CAD/CAM 技术开始注重其在工程中的工具性,系统集成的焦点集中在新的设计与制造理念上,产生了基于知识工程的 CAD/CAM 技术、面向制造与装配的 CAD/CAM 技术等,使得 CAD/CAM 技术更贴近工程实际和更便于工程技术人员使用。同时,CAD/CAM 技术一方面与 CAE 和 CAPP 更紧密地集成,另一方面向逆向工程、快速成型等技术延伸,使得 CAD/CAM 技术在机械行业中具有越来越举足轻重的作用。

1.3　CAD/CAM 技术的基本功能

随着 CAD/CAM 技术的发展,CAD/CAM 技术成为应用最广的实用技术,推动了制造业的发展和进步,促使制造业发生了根本性的变革。CAD/CAM 技术及其应用水平已成为衡量一个国家工业生产水平和现代化程度的重要标志。

CAD/CAM 使计算机技术应用于产品设计制造的各个环节,将产品的整个生产周期转化为一个复杂的信息生成和处理过程。CAD/CAM 系统可有效弥补传统手工设计的缺陷,充分发挥计算机高速、准确、高效的计算功能;具有图形处理、文字处理、数据存储、数据传递和加工功能。CAD/CAM 系统的工作过程如图 1.2 所示,在运行过程中,CAD/CAM 系统与工程人员的经验、知识和创造性结合,形成人机交互、各尽所长、紧密配合的系统,提高了设计和制造的质量和效率。

通常,CAD/CAM 系统应具备以下几个基本功能。

1.3.1　几何建模

几何建模是 CAD/CAM 系统的核心功能。在整个产品设计和制造过程中,形状设计、工程分析、工艺设计和数控编程等方面的技术都与几何模型有关,几何建模为产品的设计、分析计算及制造提供基础信息。几何建模所定义的几何模型可供有限元分析、绘图、仿真、加工等模块调用。几何建模通常包括零件建模、产品装配建模以及 DFX 分析(面向产品)等功能模块。

1.3.2　工程分析与优化

根据产品的三维几何模型和装配模型,CAD/CAM 系统可以对产品进行深入、准确的工程分析。工程分析与优化包括对产品的性能、特征进行理论分析和计算,包括结构分析、应力分析、载荷计算、有限元分析、优化设计等,并采用丰富多彩的手段把分析结果表示出来,

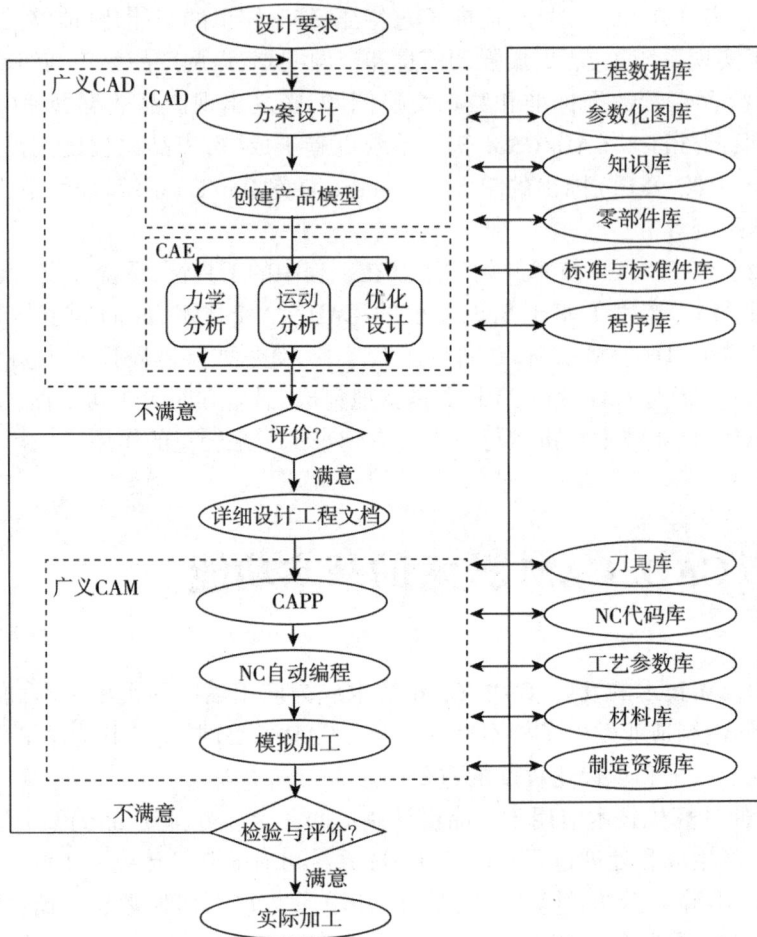

图 1.2 CAD/CAM 系统的工作过程

非常形象直观。这种分析与优化的深度和广度是手工设计方法无法比拟的。常用的工程分析与优化内容包括运动学、力学分析,有限元分析,优化设计等。

1.3.3 工程绘图

工程上要求产品设计的结果以图样形式出现,因此 CAD/CAM 系统的工程绘图功能必不可少。这就要求 CAD/CAM 系统具备处理二维图形的能力,包括生成基本图元、标注尺寸、编辑图形、附加技术要求、显示控制等功能,以生成符合生产要求和国家标准的产品图样。此外,目前三维 CAD/CAM 系统逐渐成为主流,要求 CAD/CAM 系统具有将三维实体模型向二维图形转换的功能,并能够关联二维图形和三维实体模型之间的信息。

1.3.4 计算机辅助工艺设计

工艺规程设计是加工制造产品时的指导性文件,计算机辅助工艺设计（CAPP）是 CAD 与 CAM 的中间环节。CAPP 系统能根据建模后生成的产品信息及制造要求,自动决策出加工该产品应采用的加工方法、加工步骤、加工设备和加工参数。CAPP 的设计结果可应用于生产实际,辅助生成工艺卡片文件,同时直接输出一些为 CAM 中的 NC 自动编程系统接收、识别的信息,并直接转换为刀位文件。

1.3.5　NC 自动编程

在 CAD/CAM 系统中,计算机通过数控程序控制数控机床的工作过程,要求系统能控制三、四、五坐标机床的零件加工,直接产生刀具轨迹,自动生成数控加工程序。

数控加工程序是控制机床运动的源程序,内容包括加工零件时机床各种运动和操作的全部信息,如加工工序各坐标的运动行程、速度、联动状态、主轴的转速和转向、刀具的更换、切削液的打开和关闭以及排屑等。

1.3.6　模拟与仿真

模拟与仿真是指对产品从设计到制造的整个过程进行动态仿真。根据创建的产品数字化模型对产品进行性能预测,在软件系统中模拟产品的制造过程,进行可制造性分析。借助CAD/CAM 系统的动态模拟加工系统,将数控程序的执行过程在屏幕上显示出来,从软件上实现零件的试切过程,检查数控程序错误,对给定的工艺极限值进行监控检测,可有效减少现场调试带来的人力、物力投入,降低成本并缩短产品的设计周期。

1.3.7　工程数据处理和管理

CAD/CAM 系统工作时涉及信息量大、种类繁多的数据,既有几何图形数据,又有产品定义数据和生产控制数据,既有静态标准数据,又有动态过程数据,结构比较复杂。要求 CAD/CAM 系统能为各类数据提供有效的管理手段,支持工程设计与制造全过程的信息流动与交换。CAD/CAM 系统通常采用工程数据库作为统一的数据管理环境。

1.4　CAD/CAM 系统的组成

完整的 CAD/CAM 系统应具备硬件系统、软件系统和技术人员,系统的组成如图 1.3 所示。其中,软件系统是 CAD/CAM 系统的核心,硬件系统是软件正常运行的基础,而任何功能强大的 CAD/CAM 系统都只是一个辅助性的设计工具,CAD/CAM 系统的正确运行离不开技术人员的创造性活动。软件系统、硬件系统及技术人员这三者的有效融合,是发挥 CAD/CAM 系统强大功能的前提。

1.4.1　CAD/CAM 系统的硬件系统

硬件系统通常是指构成系统的一切可触摸的物理设备的总称。对于一个既定的 CAD/CAM 系统,可以根据其应用范围及使用的软件,选用不同规模、不同结构、不同功能的计算机、外围设备及生产加工设备。CAD/CAM 系统的硬件系统应具有强大的图形处理和人机交互功能、相当大的内存容量和外存容量及良好的通信联网功能。CAD/CAM 系统的硬件系统的组成包括：主机、外存储器、输入设备、输出设备、生产设备、网络和通信设备等。

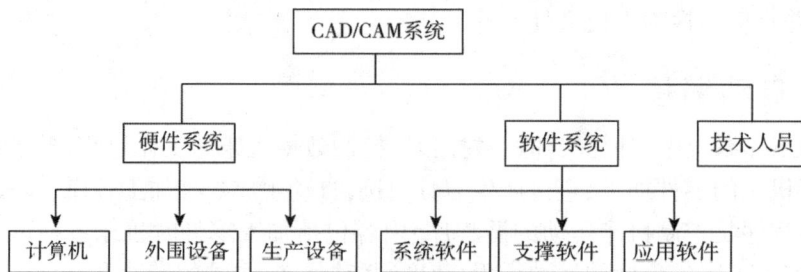

图 1.3　CAD/CAM 系统的组成

典型的 CAD/CAM 系统的硬件系统的配置方案常采用分布式网络结构，如图 1.4 所示。

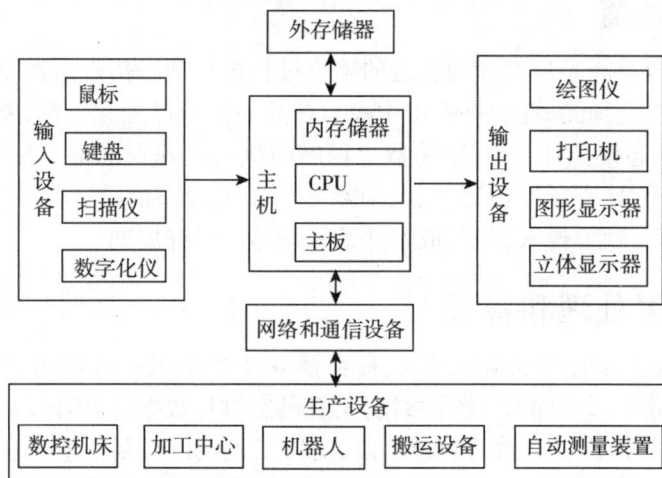

图 1.4　典型的 CAD/CAM 系统的硬件系统的配置方案

◈ 1.4.1.1　主机

主机是硬件系统的核心，由内存储器、中央处理器（CPU）及主板组成，主机的性能主要取决于 CPU 的性能，CPU 又由控制器、运算器及各种寄存器组成，用于存取指令、分析指令和执行指令，完成各种运算和分析，CPU 的主频和寄存器的位数是影响 CPU 性能和速度的重要因素。内存通过主板与 CPU 相连，可分为只读存储器（ROM）与随机存储器（RAM）。

CAD/CAM 系统的性能主要取决于主机的类型及性能。主机的性能指标包括运算速度、字长和内存大小等。

◈ 1.4.1.2　外存储器

外存储器用于长期保存 CAD/CAM 系统的数据和程序，其特点是存储量大和便于携带，可分为移动存储设备和固定存储设备两种。软盘、光盘、U 盘、移动硬盘是比较典型的移动存储设备，而固定硬盘或磁带机是比较典型的固定存储设备。外存储器的主要性能指标是存储容量和存储速度。

1.4.1.3 输入设备

输入设备是人机交互的重要工具,技术人员通过输入设备向主机输入数据、程序、图形等信息。输入设备包括键盘、鼠标、操纵杆、数字化仪、光笔、扫描仪、触摸屏、语音输入设备、数据手套、位置跟踪仪和数码相机等。信息不同,适用的输入方式不同,数据类型也不同,主机通过输入设备将各种外部数据转换成可以识别的数字信号。

键盘、鼠标是常用的输入设备。键盘用于输入字符、命令、程序等信息;鼠标是比较常用的定位输入设备,通过在桌面上移动鼠标来控制屏幕上的光标,从而完成定位、拾取和选择等操作。

数字化仪由电磁感应图形板和定标器组成,专门用来读取图形信息,可将图形转换成数字信号输入计算机中,其主要技术指标是分辨率和精度。

扫描仪是一种光栅式输入设备,通过光电阅读装置可以快速将图形、图像和文本扫描到计算机中,以位图格式存储。通过对扫描图形进行矢量化处理,获得矢量图,是建立大型图库的常用方法。扫描仪具有输入工作量小、速度快、成像准确等特点,但是需要进一步处理,在矢量识别时的正确率较低。

1.4.1.4 输出设备

输出设备主要用于在输出媒介上生成图形、图像、影像或语音等信息,输出设备可以分为显示类设备、绘图类设备、打印类设备和影像类设备,常用的有图形显示器、绘图仪、打印机等。

图形显示器是计算机的基本配置之一,是 CAD/CAM 系统中必备的输出设备。通过图形显示器,系统可以随时对用户的输入做出及时的响应,还可以将设计过程的中间结果通过屏幕反馈给用户,便于用户进行编辑和修改,是人机交互必不可少的工具。分辨率是图形显示器的一个主要技术指标。分辨率是指屏幕上可识别的最大光点数,对于相同尺寸的屏幕,光点数越多,每个光点就越精细,显示的图形就越精确。

打印机和绘图仪是十分常见的计算机信息输出设备,在 CAD/CAM 系统中主要用来输出设计或计算分析的中间结果或最终结果。

立体显示器可以根据计算机的输出图形数据在用户眼前提供一个逼真的动态立体图像。立体显示设备主要包括头盔显示器、立体眼镜及三维立体投影仪等。

1.4.1.5 生产设备

CAD/CAM 系统的生产设备包括加工设备(如数控机床、加工中心等)、物流搬运设备(如有轨小车、无轨小车、机器人等)、仓储设备(如立体仓库、刀库等)、辅助设备(如对刀仪等),这些设备通常采用 RS232 通信接口、DNC 接口或某些专用接口与 CAD/CAM 系统中的计算机连接,以获取和接收设备的状态信息和其他数据信息,向设备发送命令和控制程序等。

1.4.1.6 网络和通信设备

随着计算机技术与通信技术的发展,越来越多的 CAD/CAM 系统采用网络化系统。网络的规模有大有小。如两台计算机连接起来共享文件和打印机,就组成一个简单的小型网络;通过 Internet,可以把 CAD/CAM 系统中的多台计算机和设备连接在一起,构成局域网或万维网,实现信息共享和数据交换。网络和通信设备通常由服务器、工作站、电缆、网卡、集线器和其他网络配件组成。

1.4.2　CAD/CAM 系统的软件系统

硬件系统为 CAD/CAM 系统的工作提供了物理基础,而系统功能的实现必须由软件系统的运行来完成。软件系统是指控制计算机运行的程序、数据及文档等,软件系统是 CAD/CAM 系统的核心。计算机软件着重研究如何有效地管理和使用硬件,软件水平的高低直接影响到 CAD/CAM 系统的功能、工作效率及使用的方便程度。从 CAD/CAM 系统的发展趋势来看,软件在 CAD/CAM 系统中占据着越来越重要的地位。

根据软件系统在 CAD/CAM 系统中的任务和服务对象的不同,可将软件系统分为三个层次,即系统软件、支撑软件和应用软件,如图 1.5 所示。

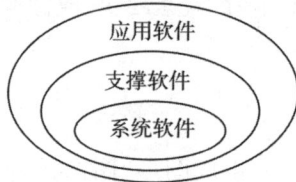

图 1.5　CAD/CAM 系统的软件系统

📦 1.4.2.1　系统软件

系统软件主要用于计算机硬件的管理、维护和控制,并支撑和控制其他软件的执行,是用户管理硬件资源和软件资源的平台。系统软件有两个特点:一是通用性,不同领域的用户都会用到,可多机通用或多用户通用;二是基础性,系统软件是支撑软件和应用软件正常运行的基础。系统软件一般包括操作系统、编程语言编译系统、网络和通信管理系统、外部设备管理系统等。系统软件为用户使用计算机提供了简洁、友好的操作界面,按其功能和工作方式可分为单用户、批处理、实时、分时和网络操作系统。

目前比较常用的系统软件有 Windows、UNIX、LINUX 等。

📦 1.4.2.2　支撑软件

支撑软件是 CAD/CAM 系统的软件系统的核心,是各类应用软件的基础,支撑软件不针对具体的应用对象,而是为特定领域的用户提供工具或开发环境,是为满足 CAD/CAM 系统的共同需要而开发的通用软件。近年来,支撑软件的研发取得了很大的进展,出现了许多商品化的支撑软件。根据功能不同,可将支撑软件分为图形支撑软件、CAE 软件、工程数据库管理系统软件和网络系统软件。

（1）图形支撑软件

计算机图形系统是 CAD/CAM 技术的核心,图形支撑软件功能的强弱是评价 CAD/CAM 系统的重要指标。图形支撑软件主要包括绘图软件和三维几何建模软件。

绘图软件是 CAD/CAM 系统最基本的图形支撑软件,用来完成符合标准和工程要求的零件图和装配图。绘图软件的基本功能包括生成图形、存储图形、编辑图形、标注尺寸、显示控制、人机交互、输入图形以及输出打印工程图等,目前应用最广泛的是 AutoCAD 系列软件,有些大规模 CAD/CAM 系统会设置一个独立制图模块,用来完成自动绘图。

三维几何建模软件可以为用户建立关于产品的完整的集合描述及特征描述,同时为产品的设计和制造提供统一的产品信息模型,其基本功能包括几何建模、曲面建模和参数化特征建模等。三维几何建模软件一般都具有真实感显示及二、三维联动的功能,支持 CAD/CAM 系统的后续各个环节的操作。目前,国际上主流的三维几何建模软件有 UG、CATIA、Pro/E 等。

(2) CAE 软件

为了用计算机辅助求解复杂的工程问题,诞生了计算机辅助工程(CAE),这是建立在计算机技术、最优化理论和数值分析技术基础上的一种近似数值分析方法,用来求解诸如产品结构强度、刚度、屈曲稳定性、动力响应、热传导、三维多体接触、弹塑性等。

在 CAD/CAM 系统中广泛采用的 CAE 软件是分析和优化软件。商品化的分析软件有很多,如 ANSYS、ABAQUS、NASTRAN 等,其中比较著名的 ANSYS 软件是国际上最流行的有限元分析软件,可进行结构的静态、动态分析,还可进行流体、热场、电场、磁场、声场和压电等的分析。

(3) 工程数据库管理系统软件

工程数据库管理系统(EDBMS,Engineering Database Management System)软件对 CAD/CAM 系统中使用的大量烦琐数据进行处理和管理,对数据进行输入、输出、分类、存储、检索等操作。为满足 CAD/CAM 系统处理和管理大量数据和信息交换的需要,工程数据库管理系统软件是十分重要的支撑软件。

(4) 网络系统软件

基于网络的 CAD/CAM 系统充分利用网络技术、数据库技术,面向产品设计和制造的整个生命周期,支持动态建模技术与产品性能设计技术,已成为目前 CAD/CAM 系统的主要使用环境之一。对于网络化的 CAD/CAM 系统,网络系统软件必不可少。常见的网络系统软件有 Windows NT、NetWare 等,网络系统软件通常包括服务器操作系统、文件服务器软件、通信软件,可完成网络文件系统管理、存储器管理、任务调度、用户通信、软硬件资源共享等工作。

1.4.2.3 应用软件

应用软件是用户为解决某类实际问题而开发的程序。其特点是:基于系统软件和支撑软件上,针对特定问题,用高级语言编写,供特定用户使用。应用软件常采用模块化结构,便于调试和管理,也有助于提高系统的柔性和可靠性。应用软件能充分发挥 CAD/CAM 系统的硬件系统的效益,是技术开发人员的工作重点,开发应用软件应充分利用 CAD/CAM 系统支撑软件的已有功能和二次开发功能。

应用软件主要有专用型应用软件和通用型应用软件两类。

专用型应用软件是建立在系统软件、支撑软件的基础上，为了解决某一专业或特殊领域的实际问题而专门研发的软件，通常由用户基于专业需要而自行研究开发，即通常所说的二次开发。常见的专用型应用软件有专用模具设计软件、电器设计软件、机械零件设计软件、机床设计软件，以及汽车、船舶、飞机设计专用软件等，其特点是具有很强的针对性和专用性。

通用型应用软件是由一些专业软件公司开发的通用商品化 CAD/CAM 系统，用途比较广泛。该类应用软件一般规模较大、功能齐全，可用于多个工业领域，具有较高的知名度。

1.5　CAD/CAM 系统常见的主流软件介绍

1.5.1　UG

UG(Unigraphics NX)是 EDS 公司出品的一个集 CAD、CAE、CAM 于一体的计算机辅助设计与制造集成软件。UG 一方面在产品设计及加工过程中，为用户提供数字化造型和验证手段；另一方面在虚拟产品设计和工艺设计时，为用户提供经过实践验证的解决方案。UG广泛应用于航空航天、汽车、通用机械、工业设备、医疗器械以及其他高科技领域的机械设计，也可应用于模具加工的自动化设计。

UG 是三维数字化技术与产品生命周期管理(PLM)领域软件和服务的市场领导者之一，为企业提供全面的 CAD、CAM、CAE 解决方案，可服务产品开发的所有过程——设计、制造和仿真。UG 的显著特点体现在其强大的工程背景上，其为工程设计人员提供了功能多样的工具模块，除了具有很强的设计制造功能外，还具有几何建模、装配建模、工程绘图、有限元分析、NC 自动编程、加工及刀具轨迹仿真等功能。UG 还具备钣金设计、电器配线、快速成型、产品数据管理和数据交换等一系列实用性很强的功能模块。

1.5.2　CATIA

CATIA 是由法国达索飞机制造公司研发的交互式三维 CAD/CAM 软件，具有很强的三维造型功能。其功能涵盖了产品概念设计、详细设计、三维建模、高级曲面、工程绘图、数控加工编程、动态模拟仿真、结构设计和有限元分析等，在航空航天、汽车、轮船、电子等设计领域享有很高的声誉。CATIA 能够保证企业内部各部门之间的协同产品开发，面向产品生命周期协同管理，为企业提供了集成式的设计流程和端对端的解决方案。

CATIA 能方便地实现二维元素和三维元素之间的转换，用户通过控制模型间二维到三维的相关性，可自动地由三维数据生成图样和剖切面；具有平面和空间机构运动学方面的模拟和分析功能，方便用户对产品进行早期的运动分析和动力学模拟；具有特有的高次 Bezier曲线和曲面功能，次数能达到 15，能满足特殊行业对曲面光滑性的苛刻要求。

1.5.3　Pro/E

Pro/E 是美国参数技术公司(PTC 公司)的著名产品，其采用先进的基于特征的参数化设计技术,使设计工作变得十分简便和灵活。Pro/E 采用统一的数据库技术,集三维实体造型、模具设计、钣金设计、装配模拟、加工仿真、NC 自动编程、有限元分析、电路布线、管路设计和产品数据管理为一体,具有较强的参数化设计、组装管理、加工过程及刀具轨迹生成等功能,广泛应用于机械、模具、工业设计、汽车、航空航天、电子、家电等领域。

Pro/E 支持各种数据交换标准格式的转换器,同时也支持与某些著名的 CAD/CAM 系统进行数据交换的专用转换器,具备集成化的功能。

Pro/E 具有 70 多个功能模块,分别支持 CAD、CAE 和 CAM,供用户选择配置适合自己的系统。其主要的 CAD 功能模块包括三维实体造型、参数化功能定义、零件组装造型、工程图的生成输出;主要的 CAE 功能模块包括实体模型的有限元网格自动生成及有限元分析;主要的 CAM 功能模块包括数控自动编程及刀具路线轨迹仿真等。Pro/E 还具有模具设计、钣金设计、电缆布线等功能模块。

1.5.4　ANSYS

ANSYS 是美国 ANSYS 公司开发的,融结构、流体、电场、磁场、声场分析于一体的大型通用有限元分析软件。该软件可实现前处理、求解计算和计算结果的后处理。前处理模块为用户提供了功能强大的实体建模及网格划分工具,便于构建有限元分析模型;求解计算模块包括结构分析、流体动力学分析、电磁场分析、声场分析、压电分析及多物理场耦合分析等;计算结果的后处理模块可将计算结果以彩色等值线、梯度、矢量等多种图形方式显示出来,或以图表、曲线形式对外输出。ANSYS 可模拟工程中的多种结构和材料,提供较多与 CAD 软件系统的转换接口,实现数据的共享和交换。ANSYS 是现代产品设计中常用的 CAE 软件之一。

1.5.5　MasterCAM

MasterCAM 是由美国 CNC Software 公司开发的中低端数控编程系统。该系统有较强的数控加工能力,可实现曲面型面零件粗、精加工编程,可根据刀具运动轨迹模拟零件加工过程,可检查刀具及夹具与被加工零件是否存在干涉碰撞现象。MasterCAM 配有 C 轴编程功能,可实现铣削和车削复合编程,其后置处理模块支持铣削、车削、线切割、激光加工等不同工艺类型。

1.5.6　CAXA 系列

CAXA 是北京数码大方科技股份有限公司(CAXA)开发的 CAD/CAM 软件系统,提供CAXA 电子图板、三维 CAD 系统和 CAXA-ME 制造工程师等系列软件。CAXA 电子图板是一套高效、价廉的二维 CAD 软件,适用于工程图的绘制;三维 CAD 系统采用先进的三维特征造型技术和二维图样自动创建工具,使用户可以轻松进入三维设计空间,创建三维零件模型,并自动生成二维工程图;CAXA-ME 制造工程师是一套数控编程和三维加工软件,可为数控加工提供三维实体建模、数控加工编程、加工仿真、轨迹校验等一体化解决方案。

1.6 CAD/CAM 技术的发展趋势

随着信息技术、计算机技术、网络技术和先进制造技术的发展,企业内部、企业之间、区域之间可以实现资源共享,异地、协同、虚拟设计和制造已经成为现实,这些都不断推动着 CAD/CAM 技术向更高的水平发展。如今,CAD/CAM 发展的主要趋势是集成化、智能化、网络化、标准化和虚拟化。

1.6.1 集成化 CAD/CAM 技术

集成化 CAD/CAM 技术是 CAD/CAM 发展的一个最为显著的趋势。集成化是指将 CAD、CAE、CAPP、CAM 以至 PPC(生产计划与控制)等各种不同功能的软件有机地结合起来,用统一的执行控制程序来组织各种信息的提取、交换、共享和处理,保证系统内部信息流的畅通,协调各个系统有效地运行。为适应现代制造技术发展的需要,制造企业致力于将 CAD、CAE、CAPP、CAM 和 PPC 等系统有机地、统一地集成在一起,消除"自动化孤岛",从而获得最佳的经济效益。

计算机集成制造(CIM,Computer Integrated Manufacturing)是集成化 CAD/CAM 技术发展的主要方向。CIM 的终极目标是以企业为对象,借助于计算机技术和信息技术,使企业在经营决策、产品开发、生产准备、生产实施及销售过程各环节中,将人、技术、经营管理三要素,及其形成的信息流、物流和价值流有机集成并优化运行,从而实现产品上市快、质量高、能耗低、服务好、环境清洁的目标,使企业赢得市场竞争并获得良性发展。计算机集成制造系统(CIMS)是一种基于 CIM 技术构成的计算机化、信息化、智能化、集成化的制造系统,适应多品种、小批量的市场需求,可有效缩短生产周期,强化人、生产和经营管理的联系,紧缩流动资金,提高企业的整体效益。

1.6.2 智能化 CAD/CAM 技术

设计和制造体现了人类特有的智能行为,技术人员的创造性活动对设计质量、产品创新起着决定性作用,在产品生命周期(设计、制造、销售、售后服务、报废)的各个环节应用智能技术显得尤为重要。智能化 CAD/CAM 技术可以真正实现计算机设计技术、推理技术、神经网络技术以及模糊推理技术等的综合应用,集中表现在知识工程的引入和专家系统的发展上。专家系统具有逻辑推理和决策判断能力,在 CAD/CAM 智能化发展中得到了广泛应用。

将人工智能技术、专家系统应用于 CAD/CAM 系统,就形成智能 CAD/CAM,具有人类专家的经验和知识,具有学习、推理、联想和判断功能,并具有智能化的视觉、听觉、语言能力,可以解决一些以前必须由人类专家才能解决的问题。智能 CAD/CAM 是一个具有潜在意义的发展方向,通过更高层次的创造性思维活动,有效辅助技术人员。

在设计领域,智能化 CAD/CAM 技术的应用已经取得了令人瞩目的进展。作为全新的 CAD 概念,智能 CAD(ICAD,Inteligent CAD)迅速崛起。ICAD 系统能够捕捉设计者的设计意图,完成设计目标的规划,自动解决设计问题,获取和应用专业设计知识,满足约束求解,实现正反向推理,使设计过程与方法更接近于人类的思维,设计的自动化程度更高。ICAD 以产品的全系统、全性能、全过程优化为目标,集建模寻优、分析、再设计为一体,能综合运用专业知识和先进的优化方法,并运用可视化等技术对寻优过程和优化结果进行分析,提供再设计建议。

在制造领域,技术人员一直致力于研究智能技术的应用(如应用智能控制对制造系统进行控制),智能机器人,作业的智能调度与控制,制造质量信息的智能处理系统,智能检测与诊断系统等。这些研究已取得了许多重要的进展。智能制造系统作为制造系统新的发展方向,应用前景也非常广阔。

智能化和集成化两者之间存在着密切的联系,要实现系统集成,智能化是不可缺少的研究方向。

1.6.3　网络化 CAD/CAM 技术

自 20 世纪 90 年代以来,计算机网络已成为计算机发展进入新时代的标志。Internet、Intranet 和 Extranet 技术的发展为 CAD/CAM 系统开创了一个新天地,正以令人惊奇的深度和广度影响着制造业,对 CAD/CAM 技术的影响巨大。引入网络技术,把 Internet 作为系统的扩展部分,是所有 CAD/CAM 系统的发展方向。

随着计算机通信、电子、光电子、多媒体等技术的综合发展,单人、单机的设计模式已不能适应 CAD/CAM 技术的发展,但网络化 CAD/CAM 技术可以有效实现资源共享,应用并行工程实现敏捷制造,同时利于实现企业的保密管理。基于企业内部和企业间的信息交换日益增多,在企业内部,可通过网络将 CAD、CAM 和 CAE 以及管理与决策信息系统连成一体,实现数据的交换、共享和集成,提高企业从设计到制造全过程的效率,而在各企业之间,可形成虚拟企业,取长补短,发挥各自最大的优势,实现产品的国际化开发和生产,为企业创造更大的效益。

现代制造企业往往分散于不同的地域,产品的设计开发需要各地的技术人员密切合作,于是分布式设计制造模式应运而生。为应用这种模式,大型 CAD/CAM 系统提供了许多基于网络的解决方案。身处不同地理位置的技术人员通过 Internet/Intranet 实时观察、操作同一产品模型,进行并行设计,可以加快产品的开发速度。网络化 CAD/CAM 技术可以有效支持团队协同设计及并行设计,已成为目前 CAD/CAM 系统重点研究与开发的功能。

1.6.4　标准化 CAD/CAM 技术

随着 CAD/CAM 技术研究的深入,针对行业特点,国际上一些知名企业开发了具有代表性的 CAD/CAM 系统,有的擅长曲面设计,有的擅长工程分析,有的则主要解决 NC 加工问题。要充分利用这些系统,取长补短,实现企业间的信息交换,就涉及 CAD/CAM 系统间数据的相互交换,需要有一种数据交换的标准。而 CAD/CAM 软件通常集成在异构的工作平台上,依靠标准化技术才能解决 CAD/CAM 系统异构跨平台的环境问题,使不同的应用软件可以直接分享和交换数据。目前,CAD 支撑软件已经逐步达到了 ISO 标准和工业标准,面向专业应用的标准零部件库、标准化设计方法、数字化设计制造的资源数据库等已成为 CAD/

CAM 系统的重要支撑环境。

在各国制定的众多标准中，影响最大的是美国制定的初始图形交换规范（IGES，Initial Graphics Exchange Specification），其已经成为不同系统之间通用的 ANSI 信息交换标准。几乎所有国际知名 CAD/CAM 系统都支持 IGES 接口，多个 CAD/CAM 系统并存的制造企业可以通过 IGES 中性数据格式进行数据交换，但是，IGES 只支持产品的几何信息，未覆盖产品从设计到制造的全部信息，如材料、制造公差、表面粗糙度要求和生产管理信息等，限制了其在制造业中的应用。

国际标准化组织制定了产品数据表达和交换国际标准，即产品模型数据交换标准（STEP，Standard for the Exchange of Product Model Data），在产品数据共享方面，可提供四个层次的实现方法：ASCII 码中性文件；访问内存结构数据的应用程序界面；共享数据库；共享知识库。STEP 可基本上保证 CAD/CAM 系统中数据的一致性和完整性，减少重复信息的输入量。STEP 的应用显著降低了产品生命周期内的信息交换成本，提高了产品研发效率，成为制造业进行国际合作、参与国际竞争的重要基础标准，是保持企业竞争力的重要工具。

1.6.5 虚拟化 CAD/CAM 技术

随着计算机性能的快速提高，在计算机上进行虚拟现实研究和应用已经成为可能。虚拟现实（VR，Virtual Reality）技术能通过建立大量的三维模型营造一个逼真的虚拟现实环境，并实现不同视点观察，进行具有沉浸感的可视化模拟。VR 技术支持身临其境的真实感和超越现实的虚拟感，能够建立个人沉浸其中且具有交互作用的多维信息系统，促进了虚拟化 CAD/CAM 技术在 CAD/CAM 系统中的应用与发展。虚拟设计、虚拟制造、虚拟企业在 CAD/CAM 平台上有广泛的应用前景，涉及 CAD/CAM 的各个学科，能满足敏捷制造企业、动态联盟企业建模的需要，实用性强，技术潜力巨大。

目前，VR 技术所需的软件和硬件相当昂贵，开发的难度和复杂性较大，VR 技术与 CAD/CAM 技术的集成还有待进一步研究和完善。随着科技的发展，虚拟设计在产品的概念设计、装配设计和人机工程学等方面必将发挥越来越重要的作用。

📖 思考与练习题

1. 简述 CAD/CAM 的基本内容。
2. 简述 CAD/CAM 的产生、发展历程及各阶段特点。
3. 简述 CAD/CAM 系统的基本功能。
4. 简述 CAD/CAM 硬件系统的组成。
5. 简述 CAD/CAM 软件系统的组成。
6. CAD/CAM 支撑软件主要有哪几类？
7. 常用的主流 CAD/CAM 商用软件有哪些？
8. 简述 Pro/E 软件的主要特点。
9. 集成化 CAD/CAM 技术的主要内容是什么？
10. 智能化 CAD/CAM 技术有哪些应用方向？

11. 在分布式设计制造模式中,CAD/CAM 技术的作用是什么？
12. 通过市场调研,分析目前企业应用 CAD/CAM 技术的状况。
13. 通过查阅、整理最新资料,分析总结 CAD/CAM 技术的最新发展趋势。

第 2 章
计算机图形处理技术

计算机图形处理技术是 CAD/CAM 技术的重要组成部分,是利用计算机高速运算能力和实时显示功能处理各类图形信息的技术,具有图形的变换、裁剪、消隐等功能。

2.1 图形变换

图形变换是指图形的几何信息经过几何变换后产生新的图形。它是基本的图形处理技术,提供了构造和修改图形的方法。

2.1.1 图形变换的数学原理

图形由图形的顶点坐标、顶点之间的拓扑关系以及组成图形的面和线的数学模型确定。任何一个图形都可以认为是由点之间的连线构成的。对一个图形做几何变换,实际上就是对一系列点进行变换。

2.1.1.1 点的向量表示

在计算机图形学中,二维空间里的一个点可以用矩阵 $[x,y]$ 表示,三维空间里的一个点可以用矩阵 $[x,y,z]$ 来表示。表示一个点的矩阵称为位置向量。

2.1.1.2 变换矩阵

用变换矩阵进行图形变换处理比较方便。设矩阵 P 代表一个点或一组点的位置向量,另有一个矩阵 A,将矩阵 P 和矩阵 A 相乘就可以得到一个新矩阵 B,从而使矩阵 P 得到变换,矩阵 A 称为变换矩阵,按矩阵代数方法可写为

$$PA = B$$
$$P = [x,y]$$

若变换矩阵为

$$A = \begin{bmatrix} a & b \\ c & d \end{bmatrix}$$

$$PA = \begin{bmatrix} x,y \end{bmatrix} \begin{bmatrix} a & b \\ c & d \end{bmatrix} = \begin{bmatrix} ax + cy, bx + dy \end{bmatrix} = \begin{bmatrix} x',y' \end{bmatrix}$$

由上式可以看出,点 P 的初始坐标 $[x,y]$ 变换为 $[x',y']$,即

$$\begin{cases} x' = ax + cy \\ y' = bx + dy \end{cases}$$

为了确保变换矩阵能实现二维图形的全部变换,需将变换矩阵扩展成 3×3 矩阵,即

$$T = \begin{bmatrix} a & b & o \\ c & d & p \\ l & m & s \end{bmatrix}$$

该变换矩阵可分为四个子矩阵:

(1)左上角的子矩阵 $\begin{bmatrix} a & b \\ c & d \end{bmatrix}$ 可完成二维图形的比例、对称、旋转、错切等变换。

(2)左下角的子矩阵 $\begin{bmatrix} l & m \end{bmatrix}$ 可完成二维图形的平移变换。

(3)右上角的子矩阵 $\begin{bmatrix} o \\ p \end{bmatrix}$ 可完成二维图形的透视变换。

(4)右下角的子矩阵 $\begin{bmatrix} s \end{bmatrix}$ 可完成二维图形的全比例变换。

2.1.1.3　点的齐次坐标

齐次坐标表示法就是将 n 维向量用 $n+1$ 维向量表示。在齐次坐标系中点 $[x,y]$ 用 $[x,y,h]$ 来表示,其中 h 是一个任意非零数。点的标准齐次坐标为 $\left[\dfrac{x}{h}, \dfrac{y}{h}, 1 \right]$,为简便起见,通常 h 取 1,这样可以避免除法。以齐次坐标表示点的位置向量的优点有:

(1)提供了用矩阵运算把二维、三维甚至高维空间的一个点集从一个坐标系变换到另一个坐标系的有效方法。

(2)可以表示无穷远点。

(3)变换矩阵具有统一表示形式,便于矩阵运算,也便于硬件实现。

2.1.2　二维图形的几何变换

二维图形的几何变换是使二维图形在空间的位置和形状产生变化,其实质是对构成二维图形的点集进行变换,连接新的顶点,产生新的图形。变换主要是通过调整变换矩阵 T 的元素值来实现的。

2.1.2.1　基本几何变换

(1)平移变换

图形的每一个点在给定的方向上移动相同距离的变换称为平移变换。如图 2.1 所示,

若图形在 x 坐标方向的平移量为 l，在 y 坐标方向的平移量为 m，那么点的平移变换为

$$[x',y',1] = [x,y,1]\begin{bmatrix} 1 & 0 & 0 \\ 0 & 1 & 0 \\ l & m & 1 \end{bmatrix} = [x+l,y+m,1]$$

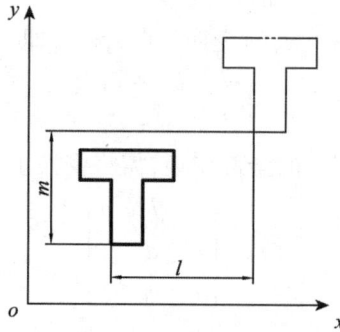

图 2.1　平移变换

（2）比例变换

图形中的每一个点以坐标原点为中心，按相同的比例进行放大或缩小所得到的变换称为比例变换。设 xoy 平面上的点在 x、y 两个坐标方向放大或缩小的比例分别为 a 和 d，如图 2.2 所示（图中细双点画线所示图形为原始形状，粗实线所示图形为变换后的形状），则坐标点的比例变换为

$$[x',y',1] = [x,y,1]\begin{bmatrix} a & 0 & 0 \\ 0 & d & 0 \\ 0 & 0 & 1 \end{bmatrix} = [ax,dy,1]$$

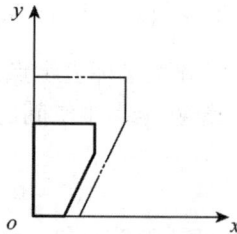

图 2.2　比例变换

① 当 $a=d=1$ 时，为恒等变换，图形变换后点的坐标不变。

② 当 $a=d\neq1$ 时，为等比例变换。$a=d>1$ 时为放大变换；$a=d<1$ 时为缩小变换。

③ 当 $a\neq d$ 时，为不等比例变换，即图形在 x、y 两个坐标方向的缩放比例不等。

（3）对称变换

对称变换也称反射变换，指变换前、后的点对称于 x 轴、y 轴、某一直线或某个点，即

$$[x',y',1] = [x,y,1]\begin{bmatrix} a & b & 0 \\ c & d & 0 \\ 0 & 0 & 1 \end{bmatrix} = [ax+cy,bx+dy,1]$$

①若 $a=-1,b=c=0,d=1$,则 $x'=-x,y'=y$,生成与 y 轴对称的图形,如图 2.3(a)所示。

②若 $a=1,b=c=0,d=-1$,则 $x'=x,y'=-y$,生成与 x 轴对称的图形,如图 2.3(b)所示。

③若 $a=d=-1,b=c=0$,则 $x'=-x,y'=-y$,生成与原点对称的图形,如图 2.3(c)所示。

④若 $a=d=0,b=c=1$,则 $x'=y,y'=x$,生成与 45°线对称的图形,如图 2.3(d)所示。

（a）与 y 轴对称　　（b）与 x 轴对称　　（c）与原点对称　　（d）与 45°线对称

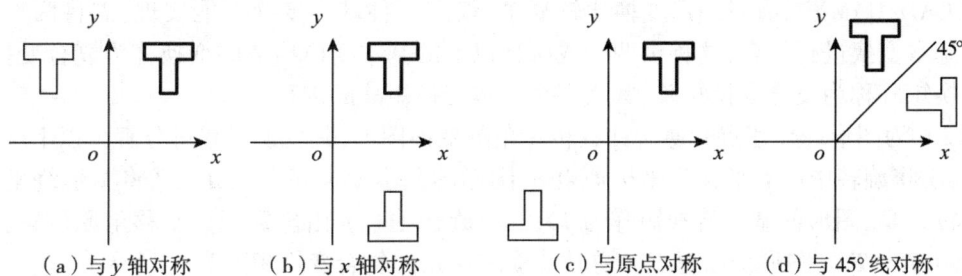

图 2.3　对称变换

（4）旋转变换

旋转变换是将图形绕固定点沿顺时针或逆时针方向旋转。定义沿逆时针方向旋转为正,沿顺时针方向旋转为负。图形绕原点旋转 θ 角,如图 2.4 所示,图形相对原点的变换为

$$[x',y',1] = [x,y,1]\begin{bmatrix} \cos\theta & \sin\theta & 0 \\ -\sin\theta & \cos\theta & 0 \\ 0 & 0 & 1 \end{bmatrix} = [x\cos\theta - y\sin\theta, x\sin\theta + y\cos\theta, 1]$$

（5）错切变换

错切变换是图形每一个点的某一坐标保持不变,而另一坐标进行线性变换,或两坐标都进行线性变换。图 2.5 所示为两坐标都进行线性变换的错切变换图形,坐标点的错切变换为

$$[x',y',1] = [x,y,1]\begin{bmatrix} 1 & b & 0 \\ c & 1 & 0 \\ 0 & 0 & 1 \end{bmatrix} = [x + cy, bx + y, 1]$$

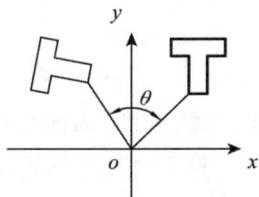

图 2.4　旋转变换　　　**图 2.5　错切变换**

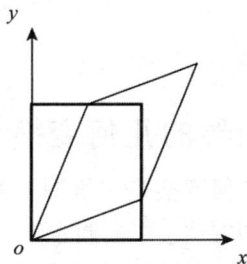

其中,c、b 分别为 x 轴和 y 轴的错切系数。

①当 $b=0$ 时,图形沿 x 轴错切。$c>0$ 时,图形沿 x 轴正方向错切;$c<0$ 时,图形沿 x 轴负方向错切。

②当 $c=0$ 时,图形沿 y 轴错切。$b>0$ 时,图形沿 y 轴正方向错切;$b<0$ 时,图形沿 y 轴负方向错切。

🔩 2.1.2.2　复合变换

在 CAD/CAM 中,有时图形变换比较复杂,仅用一种基本变换不能实现,需将两种或两种以上基本变换进行组合,这种由两种或两种以上的基本变换构成的变换称为复合变换,相应的变换矩阵称为复合变换矩阵,其为多个基本变换矩阵的乘积。

图 2.6 为图形绕任意点 p 逆时针旋转 α 角的变换图形,其变换过程可分解为以下基本变换过程:①将旋转中心 p 平移到坐标原点 o,图形的基本变换矩阵为 T_1;②将图形绕坐标原点 o 旋转 α 角,图形的基本变换矩阵为 T_2;③将旋转中心 p 由坐标原点平移至原位置,其基本变换矩阵为 T_3。图形绕任意点 p 逆时针旋转 α 角的复合变换矩阵为

$$T=T_1T_2T_3=\begin{bmatrix} 1 & 0 & 0 \\ 0 & 1 & 0 \\ -x_p & -y_p & 1 \end{bmatrix}\begin{bmatrix} \cos\alpha & \sin\alpha & 0 \\ -\sin\alpha & \cos\alpha & 0 \\ 0 & 0 & 1 \end{bmatrix}\begin{bmatrix} 1 & 0 & 0 \\ 0 & 1 & 0 \\ x_p & y_p & 1 \end{bmatrix}$$

$$=\begin{bmatrix} \cos\alpha & \sin\alpha & 0 \\ -\sin\alpha & \cos\alpha & 0 \\ x_p(1-\cos\alpha)+y_p\sin\alpha & -x_p\sin\alpha+y_p(1-\cos\alpha) & 1 \end{bmatrix}$$

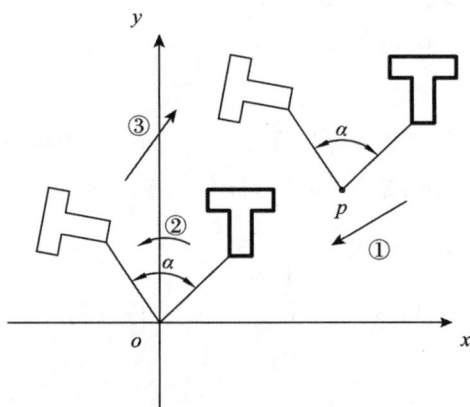

图 2.6　复合变换

2.1.3　三维图形的几何变换

三维图形的几何变换是二维图形的几何变换的简单扩展,因此,前面介绍的二维图形的几何变换的原理和方法,在三维图形的几何变换中都适用,只不过三维图形的几何变换处理的问题更为复杂。三维图形的基本几何变换主要包括平移变换、比例变换、对称变换、旋转变换、错切变换、投影变换和透视变换等。

🔩 2.1.3.1　三维图形的几何变换矩阵

三维图形的几何变换是使三维物体在空间的位置和形状产生变化,可在二维图形的几

何变换的基础上进行扩展。运用齐次坐标表示方法,将三维空间点的几何变换表示为

$$[x',y',z',1] = [x,y,z,1] \boldsymbol{T}$$

其中,$\boldsymbol{T}$ 为 4×4 的变换矩阵,即

$$\boldsymbol{T} = \begin{bmatrix} a & b & c & p \\ d & e & f & q \\ h & i & j & r \\ l & m & n & s \end{bmatrix}$$

该变换矩阵可分为四个子矩阵:

(1)左上角的子矩阵 $\begin{bmatrix} a & b & c \\ d & e & f \\ h & i & j \end{bmatrix}$ 可完成三维图形的比例、对称、旋转、错切等变换。

(2)左下角的子矩阵 $[l \quad m \quad n]$ 可完成三维图形的平移变换。

(3)右上角的子矩阵 $\begin{bmatrix} p \\ q \\ r \end{bmatrix}$ 可完成三维图形的透视变换。

(4)右下角的子矩阵 $[s]$ 可完成三维图形的全比例变换。

2.1.3.2　基本几何变换

(1)平移变换

平移变换是图形在三维空间移动位置,而形状保持不变。若图形在 x 方向平移 l,在 y 方向平移 m,在 z 方向平移 n,则坐标点的平移变换矩阵为

$$\boldsymbol{T} = \begin{bmatrix} 1 & 0 & 0 & 0 \\ 0 & 1 & 0 & 0 \\ 0 & 0 & 1 & 0 \\ l & m & n & 1 \end{bmatrix}$$

(2)比例变换

图形按规定比例放大或缩小称为比例变换。坐标点的比例变换为

$$[x',y',z',1] = [x,y,z,1] \begin{bmatrix} a & 0 & 0 & 0 \\ 0 & e & 0 & 0 \\ 0 & 0 & j & 0 \\ 0 & 0 & 0 & 1 \end{bmatrix} = [ax,ey,jz,1]$$

式中,a、e、j 分别为 x、y、z 三个坐标方向的比例因子。

(3)对称变换

对称变换也称镜像变换或反射变换,指变换前后的图形对称于某个平面。以 xoy 平面、yoz 平面和 xoz 平面为对称平面的三维图形对称变换矩阵分别为

$$T_{xoy} = \begin{bmatrix} 1 & 0 & 0 & 0 \\ 0 & 1 & 0 & 0 \\ 0 & 0 & -1 & 0 \\ 0 & 0 & 0 & 1 \end{bmatrix}, \quad T_{yoz} = \begin{bmatrix} -1 & 0 & 0 & 0 \\ 0 & 1 & 0 & 0 \\ 0 & 0 & 1 & 0 \\ 0 & 0 & 0 & 1 \end{bmatrix}, \quad T_{xoz} = \begin{bmatrix} 1 & 0 & 0 & 0 \\ 0 & -1 & 0 & 0 \\ 0 & 0 & 1 & 0 \\ 0 & 0 & 0 & 1 \end{bmatrix}$$

（4）旋转变换

旋转变换是将空间立体绕坐标轴旋转一个角度，角的正负由右手定则确定：右手大拇指指向旋转轴的正向，其余四个手指的指向即为角的正向。

①绕 z 轴旋转的变换矩阵。空间立体绕 z 轴旋转时，各顶点的 z 坐标不变，只是 x 和 y 坐标发生变化。设立体绕 z 轴旋转 α 角，则三维变换矩为

$$T_z = \begin{bmatrix} \cos\alpha & \sin\alpha & 0 & 0 \\ -\sin\alpha & \cos\alpha & 0 & 0 \\ 0 & 0 & 1 & 0 \\ 0 & 0 & 0 & 1 \end{bmatrix}$$

②绕 x 轴旋转的变换矩阵。空间立体绕 x 轴旋转时，各顶点的 x 坐标不变，只是 y 和 z 坐标发生变化。设立体绕 x 轴旋转 β 角，则三维变换矩为

$$T_x = \begin{bmatrix} 1 & 0 & 0 & 0 \\ 0 & \cos\beta & \sin\beta & 0 \\ 0 & -\sin\beta & \cos\beta & 0 \\ 0 & 0 & 0 & 1 \end{bmatrix}$$

③绕 y 轴旋转的变换矩阵。空间立体绕 y 轴旋转时，各顶点的 y 坐标不变，只是 x 和 z 坐标发生变化。设立体绕 y 轴旋转 γ 角，则三维变换矩为

$$T_y = \begin{bmatrix} \cos\gamma & 0 & -\sin\gamma & 0 \\ 0 & 1 & 0 & 0 \\ \sin\gamma & 0 & \cos\gamma & 0 \\ 0 & 0 & 0 & 1 \end{bmatrix}$$

（5）错切变换

错切变换是空间立体沿 x、y、z 三个方向产生线性变形，其错切变换矩阵为

$$T = \begin{bmatrix} 1 & b & c & 0 \\ d & 1 & f & 0 \\ h & i & 1 & 0 \\ 0 & 0 & 0 & 1 \end{bmatrix}$$

式中，d、h 为沿 x 轴的错切变换系数，b、i 为沿 y 轴的错切变换系数，c、f 为沿 z 轴的错切变换系数。

▣ 2.1.3.3　三维图形的投影变换

三维图形的投影变换是将三维物体投影到投影面上，生成二维图形。投影变换分为正投影变换、轴侧投影变换和透视投影变换，其中轴侧投影变换又分为正轴侧投影变换和斜轴

侧投影变换。

（1）正投影变换

正投影变换用于生成三维物体的三视图。

主视图是将三维物体向正平面 V 面(zox)投影，此时物体各点的 y 坐标值变为零，x、z 坐标值不变。其变换矩阵为

$$T_V = \begin{bmatrix} 1 & 0 & 0 & 0 \\ 0 & 0 & 0 & 0 \\ 0 & 0 & 1 & 0 \\ 0 & 0 & 0 & 1 \end{bmatrix}$$

俯视图是将三维物体向水平面 H 面(xoy)投影，变换过程为：先令物体各点的 z 坐标值变为零，x、y 坐标值不变，然后将得到的图形绕 x 轴顺时针旋转 $90°$，使其与 V 面共面，再沿 z 轴负向平移一段距离 n，使得 H 面投影与 V 面投影之间保持一段距离。其变换矩阵为

$$T_H = \begin{bmatrix} 1 & 0 & 0 & 0 \\ 0 & 1 & 0 & 0 \\ 0 & 0 & 0 & 0 \\ 0 & 0 & 0 & 1 \end{bmatrix} \begin{bmatrix} 1 & 0 & 0 & 0 \\ 0 & \cos(-\frac{\pi}{2}) & \sin(-\frac{\pi}{2}) & 0 \\ 0 & -\sin(-\frac{\pi}{2}) & \cos(-\frac{\pi}{2}) & 0 \\ 0 & 0 & 0 & 1 \end{bmatrix} \begin{bmatrix} 1 & 0 & 0 & 0 \\ 0 & 1 & 0 & 0 \\ 0 & 0 & 1 & 0 \\ 0 & 0 & -n & 0 \end{bmatrix} = \begin{bmatrix} 1 & 0 & 0 & 0 \\ 0 & 0 & -1 & 0 \\ 0 & 0 & 0 & 0 \\ 0 & 0 & -n & 0 \end{bmatrix}$$

左视图是将三维物体向侧平面 W 面(zoy)投影，变换过程为：先令物体各点的 x 坐标值变为零，y、z 坐标值不变，然后将得到的图形绕 z 轴逆时针旋转 $90°$，使其与 V 面共面，再沿 x 轴负向平移一段距离 l，使得 W 面投影与 V 面投影之间保持一段距离。其变换矩阵为

$$T_W = \begin{bmatrix} 0 & 0 & 0 & 0 \\ 0 & 1 & 0 & 0 \\ 0 & 0 & 1 & 0 \\ 0 & 0 & 0 & 1 \end{bmatrix} \begin{bmatrix} \cos\frac{\pi}{2} & \sin\frac{\pi}{2} & 0 & 0 \\ -\sin\frac{\pi}{2} & \cos\frac{\pi}{2} & 0 & 0 \\ 0 & 0 & 1 & 0 \\ 0 & 0 & 0 & 1 \end{bmatrix} \begin{bmatrix} 1 & 0 & 0 & 0 \\ 0 & 1 & 0 & 0 \\ 0 & 0 & 1 & 0 \\ -l & 0 & 0 & 1 \end{bmatrix} = \begin{bmatrix} 1 & 0 & 0 & 0 \\ -1 & 0 & 0 & 0 \\ 0 & 0 & 1 & 0 \\ -l & 0 & 0 & 1 \end{bmatrix}$$

（2）正轴侧投影变换

正轴侧投影变换用于生成正轴侧投影图。它的变换过程为：先将物体绕 z 轴逆时针旋转 α 角，再绕 x 轴顺时针旋转 β 角，最后向 V 面投影。其变换矩阵为

$$T = \begin{bmatrix} \cos\alpha & \sin\alpha & 0 & 0 \\ -\sin\alpha & \cos\alpha & 0 & 0 \\ 0 & 0 & 1 & 0 \\ 0 & 0 & 0 & 1 \end{bmatrix} \begin{bmatrix} 1 & 0 & 0 & 0 \\ 0 & \cos\beta & \sin\beta & 0 \\ 0 & -\sin\beta & \cos\beta & 0 \\ 0 & 0 & 0 & 1 \end{bmatrix} \begin{bmatrix} 1 & 0 & 0 & 0 \\ 0 & 0 & 0 & 0 \\ 0 & 0 & 1 & 0 \\ 0 & 0 & 0 & 1 \end{bmatrix} = \begin{bmatrix} \cos\alpha & 0 & \sin\alpha\sin\beta & 0 \\ -\sin\alpha & 0 & \cos\alpha\sin\beta & 0 \\ 0 & 0 & \cos\beta & 0 \\ 0 & 0 & 0 & 1 \end{bmatrix}$$

当 $\alpha = 45°$，$\beta = 35°16'$ 时，可得到正等轴侧投影图。

（3）斜轴侧投影变换

斜轴侧投影变换用于生成斜轴侧投影图。它的变换过程为：先将物体沿两个坐标轴方

向做错切变换,再向包含这两个坐标轴的投影面投影。例如,将物体先沿 x 轴方向做错切变换(错切系数为 d),然后沿 z 轴方向做错切变换(错切系数为 f),再向 xoz 平面做正投影。其变换矩阵为

$$T = \begin{bmatrix} 1 & 0 & 0 & 0 \\ d & 1 & 0 & 0 \\ 0 & 0 & 1 & 0 \\ 0 & 0 & 0 & 1 \end{bmatrix} \begin{bmatrix} 1 & 0 & 0 & 0 \\ 0 & 1 & f & 0 \\ 0 & 0 & 1 & 0 \\ 0 & 0 & 0 & 1 \end{bmatrix} \begin{bmatrix} 1 & 0 & 0 & 0 \\ 0 & 0 & 0 & 0 \\ 0 & 0 & 1 & 0 \\ 0 & 0 & 0 & 1 \end{bmatrix} = \begin{bmatrix} 1 & 0 & 0 & 0 \\ d & 0 & f & 0 \\ 0 & 0 & 1 & 0 \\ 0 & 0 & 0 & 1 \end{bmatrix}$$

（4）透视投影变换

透视投影变换是指通过视点将物体投影到投影面的变换。从视点出发的投射线与投影面相交得到的图形为透视图。根据视点个数的不同,透视图分为一点透视、二点透视和三点透视。透视变换矩阵为

$$T = \begin{bmatrix} 1 & 0 & 0 & p \\ 0 & 0 & 0 & q \\ 0 & 0 & 1 & r \\ 0 & 0 & 0 & 1 \end{bmatrix}$$

矩阵元素 p、q、r 中,若三个均不为 0,得到三点透视;若两个不为 0,得到二点透视;若一个不为 0,得到一点透视。

2.2 窗口与视区

建立模型或者进行模型几何变换后,需要将模型输出在显示设备合适的位置,进行视窗变换。这涉及坐标系、窗口及视区三个相关概念。

2.2.1 坐标系

计算机在处理图形信息时,几何图形的定义、输入、输出等都要在一定的坐标系下进行。图形在输入、输出的不同阶段需要采用不同的坐标系来描述,以方便设计人员的理解和操作,提高图形处理的效率。常用的坐标系有以下几种:

2.2.1.1 世界坐标系

世界坐标系(WCS,World Coordinate System)用以协助用户定义物体在空间中的位置和几何尺寸的坐标系,也称为用户坐标系,多使用右手直角坐标系。理论上,世界坐标系是无限大且连续的。

2.2.1.2 设备坐标系

设备坐标系(DCS,Device Coordinate System)与图形输出设备相关联,是用以定义图形几何尺寸及位置的坐标系,也称物理坐标系。设备坐标系是一个二维平面坐标系,常使用的度

量单位为设备的物理特性,如像素(图形显示器)或步长(绘图仪)。图形显示器通常为 640×400 像素、1 024×768 像素,绘图仪的步长为 1 μm、10 μm 等。设备坐标系的定义域是整数而且有界。

2.2.1.3 规格化设备坐标系

规格化设备坐标系(NDCS, Normalized Device Coordinate System)是人为规定的假想设备坐标系,与设备无关。规格化设备坐标系的坐标轴方向及原点与设备坐标系相同,其最大工作范围的坐标值规范化为 1。以屏幕坐标为例,其原点仍是左上角(或左下角),坐标为(0.0,0.0),距原点最远的屏幕右下角(或右上角)的坐标是(1.0,1.0)。

对于既定的图形输出设备来说,其规格化设备坐标系与设备坐标系相差一个固定倍数,即该设备的分辨率。

2.2.2 窗口-视区变换

工程设计中,需要突出图形的某一部分时,可用一个局部视图将其单独画出来。在计算机图形学里,这种想法可以通过窗口来实现,即通过在整图中开窗口的方法来解决这个问题。窗口是在用户坐标系(世界坐标系)中定义的一个矩形观察区域,如图 2.7 所示。窗口的位置和大小可用矩形的左下角 (X_{W1}, Y_{W1}) 和右上角 (X_{W2}, Y_{W2}) 坐标表示。设计对象在该区域的信息被保留,其外面的信息部分被裁剪掉。除矩形窗口之外,还可以定义圆形窗口、边形窗口等异形窗口。矩形窗口定义方便,处理也较为简单,因此是各种图形软件常见的窗口形式。

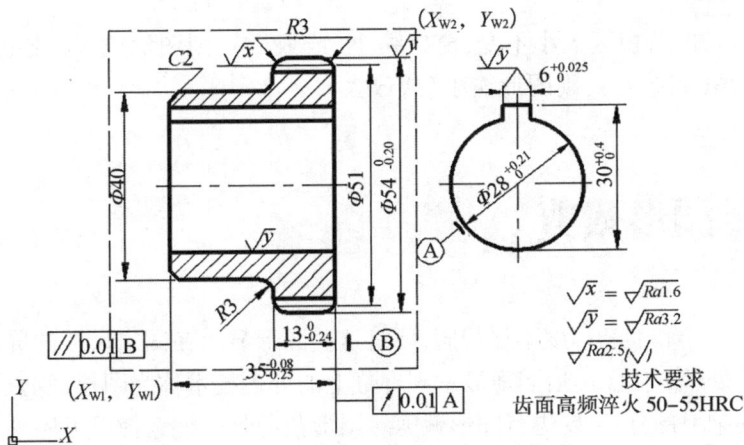

图 2.7 窗口定义

视区是设备坐标系(通常是图形显示器)中定义的一个用于输出所要显示的图形和文字的矩形区域。若将窗口中的图形显示在屏幕视区范围内,则视区决定了窗口内的图形在屏幕上显示的位置和大小。视区是一个有限的整数域,小于或等于屏幕区域。同一屏幕上可以定义多个视区,用来同时显示不同的图形信息。

窗口和视区是在不同的坐标系中定义的,窗口中的图形信息送到视区输出前需进行坐标变换,即把用户坐标系的坐标值转化为设备(屏幕)坐标系的坐标值,此变换即窗口-视区变换。

由图 2.8 可知，窗口中的一点 $A(X_W, Y_W)$ 变换到视区中的对应点 $B(X_V, Y_V)$ 时，其对应关系为

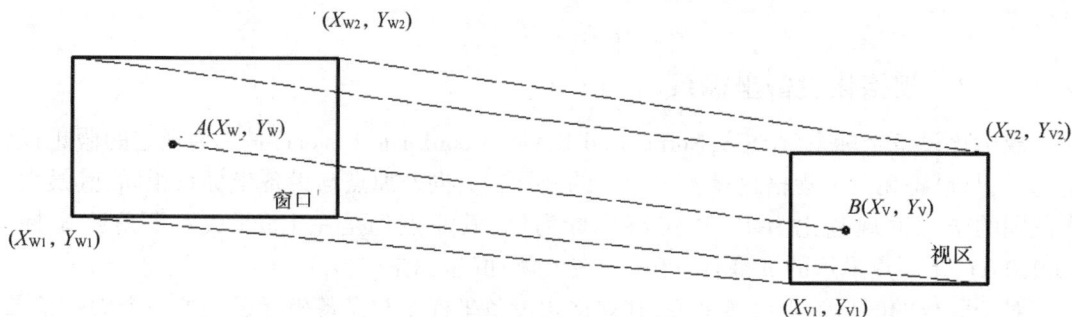

图 2.8　窗口-视区变换

$$\begin{cases} \dfrac{X_W - X_{W1}}{X_{W2} - X_{W1}} = \dfrac{X_V - X_{V1}}{X_{V2} - X_{V1}} \\ \dfrac{Y_W - Y_{W1}}{Y_{W2} - Y_{W1}} = \dfrac{Y_V - Y_{V1}}{Y_{V2} - Y_{V1}} \end{cases} \tag{2.1}$$

整理为

$$\begin{cases} X_V = X_{V1} + (X_W - X_{W1}) \dfrac{X_{V2} - X_{V1}}{X_{W2} - X_{W1}} \\ Y_V = Y_{V1} + (Y_W - Y_{W1}) \dfrac{Y_{V2} - Y_{V1}}{Y_{W2} - Y_{W1}} \end{cases} \tag{2.2}$$

由式（2.2）可知，若视区大小不变，窗口缩小（或放大），则图形放大（或缩小）；若窗口大小不变，视区缩小（或放大），则图形缩小（或放大）。

2.3　图形裁剪

由于图形的大小和复杂程度不尽相同，要将这些图形显示在固定尺寸的屏幕上，必须对其进行适当的技术处理。使图形恰当地显示到屏幕上的处理技术称为图形裁剪技术。有时我们需要显示图形的某一部分，也要进行图形裁剪。图形裁剪是一种选择可见图形信息的技术，包括二维图形的裁剪和三维图形的裁剪，篇幅所限，本节仅介绍基础的直线段裁剪。

直线段裁剪是对一直线段是否位于窗口内进行识别，并且找出交点，然后裁剪窗口之外的线段部分。矩形窗口通常为凸多边形，一条直线段的可见部分最多为一段，可通过两个端点的可见性来判断。直线段与窗口的位置关系可以分为以下四种情况，如图 2.9 所示。

（1）直线段的一个端点在窗口内，另一个端点在窗口外（如线段 L_1）。

（2）直线段的两个端点在窗口外，但与窗口相交（如线段 L_2）。

（3）直线段的两个端点在窗口内，全部为可见线段（如线段 L_3）。

(4)直线段的两个端点在窗口外,但不与窗口相交。其中又有两种情况:一种是两个端点在窗口的同一侧,全部为不可见线段(如线段 L_4);另一种是两个端点各在窗口的一侧(如线段 L_5)。

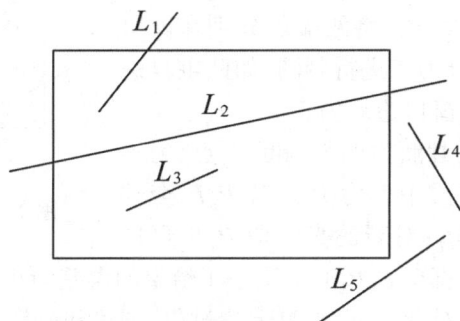

图 2.9　直线段与窗口的位置关系

直线段的裁剪有多种算法,较为经典的为 Cohen-Sutherland 裁剪算法和中点分割裁剪算法。

2.3.1　Cohen-Sutherland 裁剪算法

1974 年,丹·科恩(Dan Cohen)和伊凡·苏泽兰(Ivan Sutherland)提出图形裁剪的区域码算法,称为 Cohen-Sutherland 裁剪算法。该方法是将窗口边界延长,这样就将窗口划分为 9 个分区,每个分区用 4 位二进制数进行编码,如图 2.10 所示。4 位二进制数分别代表点的位置与窗口边界的关系。

第 1 位:若端点在窗口左边界的左侧,则为 1,否则为 0。

第 2 位:若端点在窗口右边界的右侧,则为 1,否则为 0。

第 3 位:若端点在窗口下边界的下侧,则为 1,否则为 0。

第 4 位:若端点在窗口上边界的上侧,则为 1,否则为 0。

1001	1000	1010
0001	0000	0010
0101	0100	0110

图 2.10　Cohen-Sutherland 裁剪算法区域编码

显然,如果直线段两个端点的 4 位编码全为 0,则此直线段全部在窗口内,可直接接受。如果对直线段两个端点的 4 位编码进行逻辑与(按位乘)运算,结果为非 0,则此直线段全部在窗口之外,可直接舍弃;否则,这一直线段既不能被直接接受,也不能被直接舍弃,其可能与窗口相交。此时,需要对线段进行再分割,即找到与窗口一个边框的交点。根据交点位置,也赋予其 4 位编码,并对分割后的线段进行检查,或者接受,或者舍弃,或者再次进行分割。重复这一过程,直到全部线段均被舍弃或被接受为止。

2.3.2　中点分割裁剪算法

中点分割裁剪算法的基本思路是分别寻找直线段两个端点各自对应的最远可见点,两个可见点的连线即为要输出的可见直线段。

先判断直线段的两个端点是否分别在窗口内和窗口外，若是，可将直线段一分为二，再分别判断两段新直线段，舍去全在窗口外的一段直线段，将两端点分别在窗口内和窗口外的新直线段再一分为二进行判断，如此重复进行，直至新直线段的中点接近窗口边界为止。

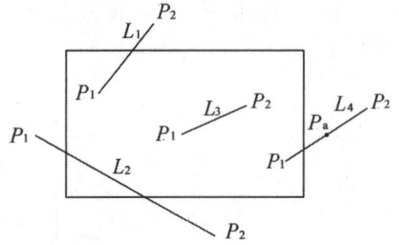

图 2.11　中点分割裁剪算法

以图 2.11 中直线段 L_4 的判断为例。判断 P_2 点，为不可见，这时将直线段 P_1P_2 对分，中点为 P_a。若 P_aP_2 全部在窗口外，则用 P_1P_a 代替 P_1P_2；对新的直线段 P_1P_2 再进行重新判断。重复这一过程，直至 P_aP_2 的长度小于给定的误差为止。上述过程找到了距 P_1 点最远的可见点，把两个端点对调一下，重复上述过程，即可找到距 P_2 点最远的可见点。连接这两个可见点，即得到要输出的可见直线段。

上述两种算法中，Cohen-Sutherland 裁剪算法很直观，思路简单，但要求两直线的交点，运算复杂，裁剪效率较低；而中点分割裁剪算法不必求交点，比较简单，适于用硬件实现，裁剪速度快，但精度稍低。

思考与练习题

1. 什么是齐次坐标？在图形变换中图形坐标点为什么用齐次坐标表示？

2. 有哪些基本图形变换？其各自的变换矩阵如何？

3. 有一任意平面直线段，试求将其变换到与 x 轴重合的复合变换矩阵。

4. 四边形 $ABCD$ 如图 2.12 所示，求绕 $P(5,4)$ 点逆时针旋转 90° 的变换矩阵，并求出各端点坐标，并画出变换后的图形。

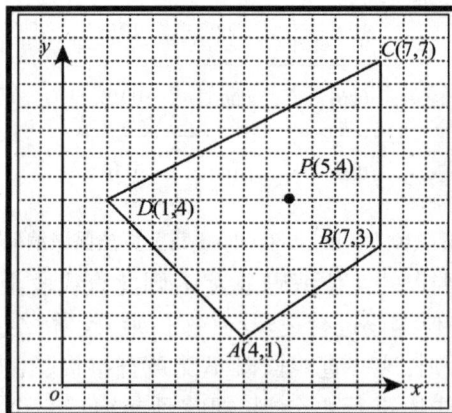

图 2.12　四边形原始位置

5. 什么是窗口？什么是视区？如何将窗口内的图形在视区内显示？

6. 简述利用 Cohen-Sutherland 裁剪算法的直线裁剪方法与过程。

第 3 章
产品数字化造型技术

3.1 几何模型的信息组成

几何模型描述的是产品的几何特征,包含物体的形状和属性等信息。几何模型是对原物体的确切的数学描述或是对原物体某种状态的真实模拟,可为各种不同的后续应用提供信息。例如,由模型产生有限元网格,由模型编制数控加工代码,由模型进行装配、干涉检查等。一个完整的几何模型包含几何信息和拓扑信息两个信息要素。

3.1.1 几何信息

几何信息是指形体在欧几里得空间(又称欧氏空间)中的形状、位置和大小,具有几何意义,包括点、线、面、体信息,这些信息可以用几何分量表示。例如,三维空间中的点、直线和平面可分别表示为 $M(x,y,z)$、$(x-x_0)/A=(y-y_0)/B=(z-z_0)/C$ 和 $Ax+By+Cz+D=0$。对于复杂曲面,可采用 B 样条曲面、Bezier 曲面和 NURBS 曲面等表示。

但是,仅用几何信息表示形体并不充分,会出现形体的不确定性,为了保证形体描述的完整性和严密性,必须同时给出形体的几何信息和拓扑信息。

3.1.2 拓扑信息

拓扑信息用于表达形体各基本几何要素(点、线、面)之间的连接关系、邻近关系及边界关系。比如,形体的某条边是由哪些顶点构成的,某个面是由哪些边构成的等。几何信息相同而拓扑信息不同,最终构造的几何形状可能完全不同。以立方体为例,它的顶点、边和面的拓扑关系共有九种:顶点相邻性、顶点-边相邻性、顶点-面相邻性、边-顶点包含性、边相邻性、边-面相邻性、面-顶点包含性、面-边包含性、面相邻性,如图 3.1 所示。这九种关系并不是独立的,可由一种关系导出其他几种关系。在表达形体时,可根据具体条件选择不同的拓扑描述方法。

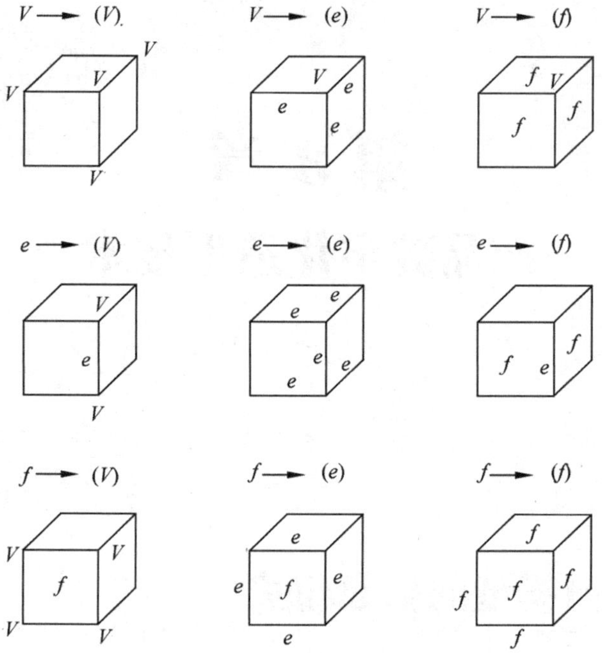

图 3.1　立方体元素间的拓扑关系

3.2　几何造型方法

　　几何造型也称几何建模。它是通过计算机表示、控制、分析和输出几何实体的一种技术。产品的设计与制造涉及产品几何形状的定义与描述、结构分析、工艺设计、加工仿真等方面的技术,其中几何形状的定义与描述是其他部分的基础,为结构分析、工艺设计及加工仿真提供基本数据,所以几何造型成为 CAD/CAE/CAM 系统中的关键技术,几何造型的功能也决定了 CAD/CAE/CAM 系统的水平。几何建模主要是处理零件的几何信息、拓扑信息和特征信息。几何信息是指物体在欧氏空间中的形状、位置和大小。拓扑信息则是指实体各基本要素(包括点、边、面)的数目及其相互间的连接关系、邻近关系及边界关系。特征信息包括实体的精度信息、材料信息等与加工仿真有关的信息。根据对几何信息、拓扑信息和特征信息处理方法的不同,几何建模可分为:线框建模、表面建模、实体建模等。

3.2.1　线框建模

　　用点、直线和曲线描述产品轮廓的方法就是线框建模。很多二维 CAD 软件就是基于这种几何模型。这种模型用线段、圆、弧和简单的曲线来描述对象。线框模型的数据结构是表结构,它在计算机内部以点表和边表来表达与存储顶点和棱线信息。每个线框模型的数据结构中包含两张表:一张是顶点表,描述每个顶点的编号和坐标;另一张是棱线表,记录每一条棱线起点和终点的编号。图 3.2 为线框模型及其数据结构表。

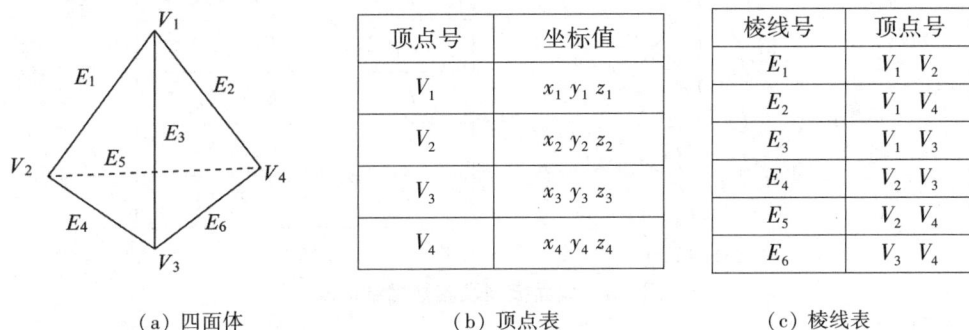

顶点号	坐标值
V_1	$x_1\ y_1\ z_1$
V_2	$x_2\ y_2\ z_2$
V_3	$x_3\ y_3\ z_3$
V_4	$x_4\ y_4\ z_4$

棱线号	顶点号
E_1	$V_1\ V_2$
E_2	$V_1\ V_4$
E_3	$V_1\ V_3$
E_4	$V_2\ V_3$
E_5	$V_2\ V_4$
E_6	$V_3\ V_4$

　　（a）四面体　　　　　　　　（b）顶点表　　　　　　　　（c）棱线表

图 3.2　线框模型及其数据结构表

　　线框模型所需信息最少,数据结构简单,所占内存很少,用计算机处理起来简单、迅速。但由于线框模型用棱线等表示物体的形状,只包含了三维立体的一部分形状信息,如一个面由哪几条棱线组成,而立体内部与外部如何区分等,用线框模型都无法表示。因此,线框模型可以表示机械零件的各种投影图,但存在以下局限性:(1)信息不完整,存在二义性,如在立方体上存在孔,孔是盲孔还是通孔含义不清楚,如图 3.3(a)所示;(2)线框模型不能进行物体几何特性(体积、面积、重量、惯性矩等)的计算,也不能解决两个平面的交线,消除隐藏线、隐藏面等,如图 3.3(b)所示。

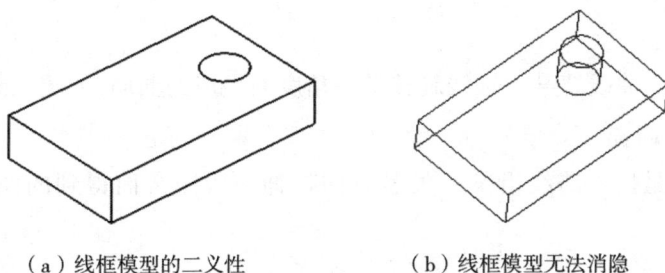

　　（a）线框模型的二义性　　　　　　　　（b）线框模型无法消隐

图 3.3　线框模型的缺点

3.2.2　表面建模

　　表面建模是通过对物体表面进行描述的建模方法,包含平面建模和曲面建模。建模时,先将复杂的外表面分解成若干个组成面,这些组成面可以使用离散数据构成一个个基本的面元素,然后通过这些面元素的拼接,就构成了所要的表面。与线框模型相比,表面模型除了顶点表和棱线表外,还提供了面表,面表记录了边、面间的拓扑关系,为构造复杂的曲面物体提供了方便。但表面模型仍旧缺乏面、体间的拓扑关系,无法区别面的哪一侧是体内,哪一侧是体外,依然不是实体模型。图 3.4 为表面模型及其数据结构表。

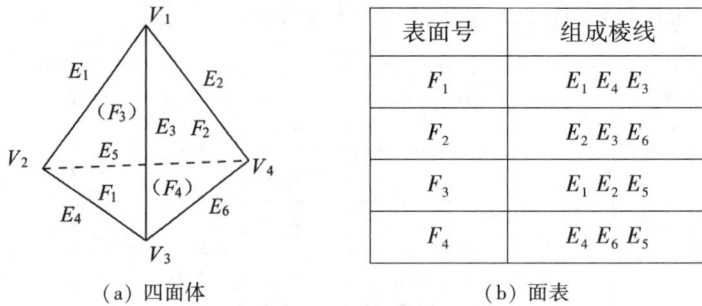

表面号	组成棱线
F_1	$E_1\ E_4\ E_3$
F_2	$E_2\ E_3\ E_6$
F_3	$E_1\ E_2\ E_5$
F_4	$E_4\ E_6\ E_5$

（a）四面体 　　　　　　　　　（b）面表

图 3.4　表面模型及其数据结构表

表面模型能够比较完整地定义三维立体的表面，所描述的零件范围广。对于一些复杂的自由曲面，如飞机机翼、汽车车身、螺旋桨等难于用简单的数学模型表达的物体，均可以应用拟合曲面描述。表面模型利用面的信息为消隐、着色、表面纹理、表面积计算以及数控刀具路径生成等操作提供了方便，能更加逼真、直观地展现构造的三维实体。另外，表面模型可以为 CAD/CAM 中的其他应用提供数据，例如可以直接利用表面模型对有限元分析中的网格进行划分。

表面模型也有其局限性，由于其所描述的仅是实体的外表面，因此不能进行实体剖切和物性的分析计算。

构造曲面的基本形式如下：

（1）旋转曲面

旋转曲面是指一曲线绕某一轴线旋转某一角度而生成的曲面，如图 3.5（a）所示。

（2）线性拉伸曲面

线性拉伸曲面是指一曲线沿某一矢量方向拉伸一段距离而得到的曲面，如图 3.5（b）所示。

（3）直纹曲面

直纹曲面是指在两曲线间，将参数值相同的点用直线段连接而成的曲面，如图 3.5（c）所示。

（4）扫描曲面

扫描曲面是指截面发生曲线沿方向控制曲线运动而生成的曲面，如图 3.5（d）所示。

（5）放样曲面

放样曲面是指以不同的曲线作为曲面形状的控制元素，沿着这些曲线构成的曲面，如图 3.5（e）所示。

（6）网格曲面

网格曲面是指由一系列曲线构成的曲面。根据构造曲面的曲线分布规律，网格曲面可分为单方向网络曲面和双方向网格曲面。

（7）拟合曲面

拟合曲面是指通过一系列有序控制点拟合而成的曲面。常采用 Bezier、B 样条、NURBS

等曲线曲面造型方法来拟合建模。

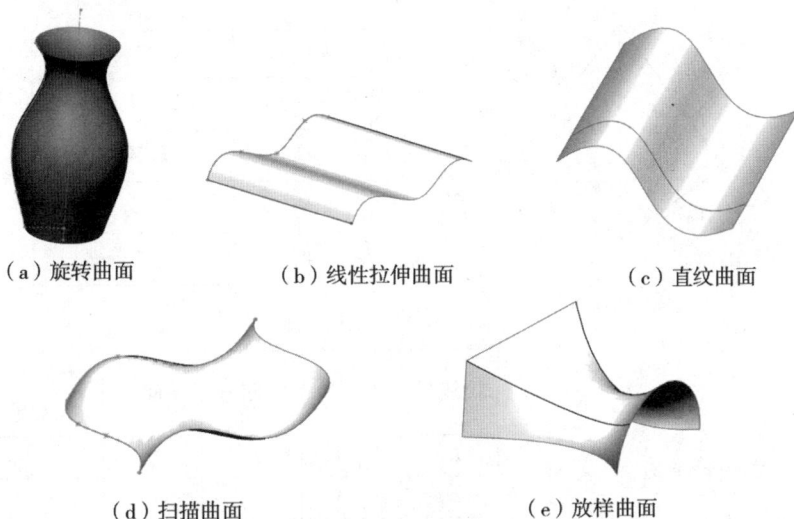

（a）旋转曲面　　　　（b）线性拉伸曲面　　　　（c）直纹曲面

（d）扫描曲面　　　　　（e）放样曲面

图 3-5　不同类型曲面

3.2.3　实体建模

　　表面建模无法确定面的哪一侧存在实体,哪一侧没有实体。因此在 20 世纪 80 年代初期,逐渐发展和完善了实体建模技术。实体建模要解决的根本问题是标识出一个面的哪一侧是实体,哪一侧为空。为了确定表面的哪一侧存在实体,实体建模中采用面的法向矢量进行约定,即面的法向矢量指向物体之外,法向矢量的反方向为实体,这样对构成物体的每个表面进行判断,最终可标识出各表面包围的为实体。为了使计算机能够识别表面的矢量方向,将组成表面的封闭边线定义为有向边,每条边的方向由顶点编号的大小确定,即由编号小的顶点(边的起点)指向编号大的顶点(边的终点)为正,利用几何拓扑关系中棱边与面的相邻关系,确定边的左表面和右表面,这样可得到实体的棱线表。表面的外法线方向是已知的,根据表面的外法线方向用右手法则判定构成该表面边的“正”“负”,若定义的边的方向符合右手法则,则这条边对于该面为“正”,否则为“负”,得到实体的面表。图 3.6 为实体模型及其数据结构表。与表面建模相比,实体建模顶点坐标不变,但棱线表和面表必须严格标明边的方向及其与相邻面的关系,就基本原理而言,它还是类似表面建模那样通过记录构成物体的点、线、面、体的几何信息和拓扑信息来描述物体的,但拓扑关系的描述更加完整。

　　实体建模把三维物体的几何信息和拓扑信息较完整地存入计算机中,无二义性,能生成真实感很强的图形,并能自动进行干涉检查及物理特性的计算等,还可从中提取、分析计算信息,实现零件的体积和质量计算、有限元分析、数控编程等,因此是目前应用最多的一项建模技术。

　　实体建模包括两大部分,即体素和布尔运算。

（a）四面体

表面号	组成棱线
F_1	$E_1 - E_3 \ E_4$
F_2	$-E_2 \ E_3 \ E_6$
F_3	$-E_1 \ E_2 \ -E_5$
F_4	$-E_4 \ E_6 \ -E_5$

（b）面表

（c）四面体模型

棱线号	顶点号		右面号	左面号	属性 （线型、颜色）	
E_1	V_1	V_2	F_1	F_3	/	/
E_2	V_1	V_4	F_3	F_2	/	/
E_3	V_1	V_3	F_2	F_1	/	/
E_4	V_2	V_3	F_1	F_4	/	/
E_5	V_2	V_4	F_3	F_4	/	/
E_6	V_3	V_4	F_2	F_4	/	/

（d）棱线表

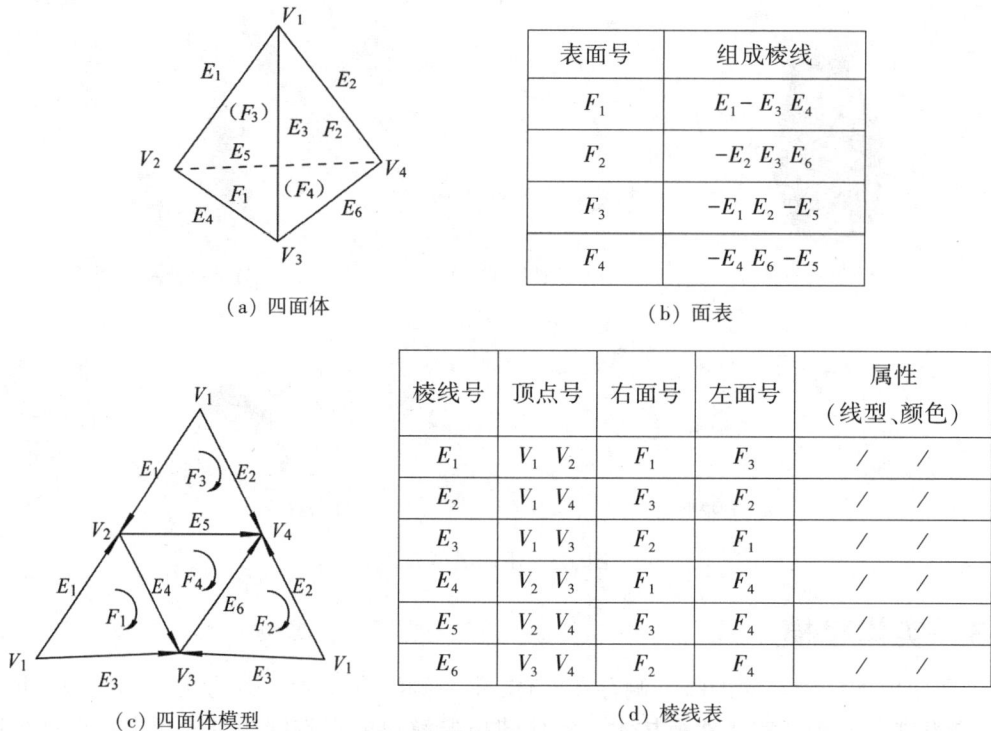

图 3.6　实体模型及其数据结构表

　　一般而言,体素包含基本体素和扫描体素。基本体素是现实生活中存在的一些构形简单的实体,它们可以通过一些较少的参数描述形状结构以及位置,如棱柱、棱锥、圆柱、圆锥、球、环等。扫描体素是通过扫描生成的实体,扫描法是实体造型系统中生成实体最常用的方法,其原理是:用曲线、曲面或形体沿某一指定路径运动后生成二维或三维的实体。创建扫描体素需要具备两个要素;第一,要给出一个基体(形体),基体可为曲线、曲面或实体;第二,要给出基体的运动轨迹,该轨迹是可以用解析式来定义的路径。在三维形体的创建中,应用最多的是平移扫描体和旋转扫描体,如图 3.7 所示。

　　布尔运算就是集合运算,包括并、差、交运算。对于复杂的实体,一般无法由单一的基本体素或扫描体素构成,往往需要两个或两个以上的体素通过布尔运算的并、差、交运算得到,因此需要在计算机内部制定一套布尔运算规则,以保证运算得到的形体不出现不真实的情况(如悬挂边或悬挂面等)。

3.3　三维几何实体建模表示方法

　　实体模型是通过构建一系列体素,并结合布尔运算所建立的形体几何模型。为了在计算机内部清晰、完整地描述实体模型中的几何信息和拓扑信息,方便模型信息的查询、存储、运

（a）平移扫描体　　　　　　　　　（b）旋转扫描体

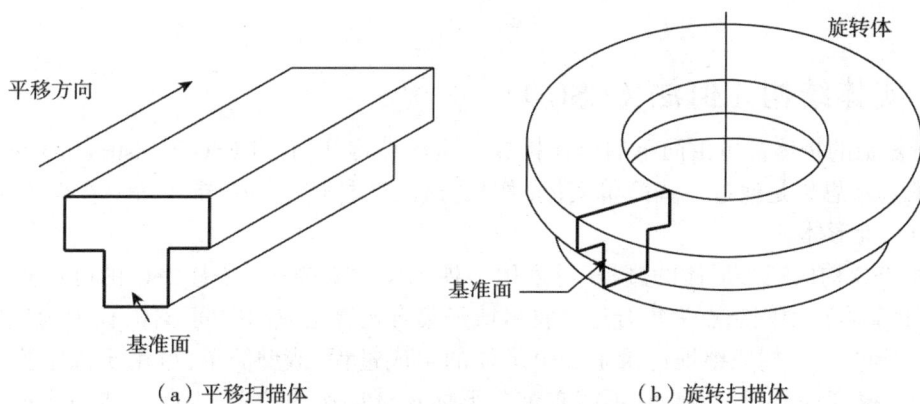

图 3.7　平移扫描体和旋转扫描体

算,以及图形的显示、求交、剖切及输出,三维几何实体建模在计算机内部常用的表达方法有:边界表示法(B-REP)、实体结构几何法(CSG)、混合建模法(B-REP+CGS)、空间单元表示法等。

3.3.1　边界表示法（B-REP）

边界表示法（B-REP）是以物体边界为基础,定义和描述几何形体的方法。这种方法能给出物体完整、显式的边界描述。其基本思想是:每个物体都是由有限个面构成的,每个面通过边来定义,边通过点来定义,点通过三个坐标来定义。用边界表示法描述实体时,实体须满足这样一个条件,即封闭、有向、不自交、有限和相连接,并能区分实体边界内、边界外和边界上的点。

根据边界表示原理,图 3.8 所示实体可用一系列点和边有序地将其边界划分成许多单元面。该实体可分成 10 个单元面,各单元面由有向、有序的边组成,每条边由 2 个点定义。圆孔面被分割为前、后 2 个圆柱面。每个圆柱面由有向、有序的直线和圆弧构成,而圆弧由 3 个点定义圆的方法描述。

图 3.8　边界表示法

边界表示法详细记录了形体所有组成元素的几何信息和拓扑信息,便于描述和表达复杂形状的三维形体,利于生成和绘制线框图、投影图以及有限元网格。

然而,由于 B-REP 仅考虑对象的边界,不能反映物体的构造过程和特点,也不能记录物体的组成元素的原始特征,用户难以直接构建 B-REP 的实体模型。B-REP 的数据结构是网状结构。

3.3.2 实体结构几何法（CSG）

任何复杂的物体都可由简单的形体构成。实体结构几何法（CSG,Construction Solid Geometry）的基本思想是通过一些简单实体（如长方体、圆柱体、球体、锥体等），经布尔运算生成复杂的三维形体。

采用 CSG 构成三维形体的过程,可采用一棵二叉树来描述,其中 CSG 的叶结点为基本体素（简单实体）,中间结点为集合运算符号或经集合运算生成的中间形体,树根为生成的最终形体。因此,CSG 树完整地记录了一个形体的生成过程,造型简单,可用于确定物体的质量、惯性矩、密度等要素。但是它不能查询到形体较低层次的信息,因此不能向线框模型转化,也不能用来直接显示工程图。

CSG 构成的三维形体具有唯一性和明确性,但一个几何体的 CSG 表示和描述方式不是唯一的,即可以用几种不同的 CSG 结构树表示,如图 3.9 所示。

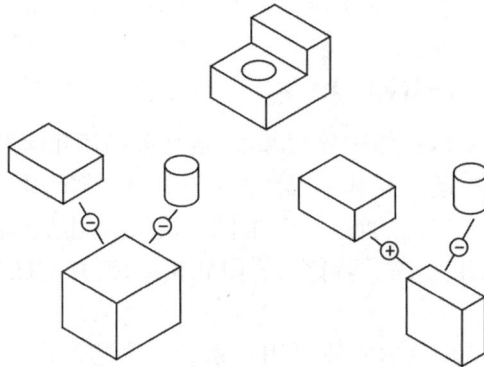

图 3.9 实体结构几何法

3.3.3 混合建模法（B-REP+CGS）

采用两种以上的建模方法来描述一个三维形体的建模称为混合建模（Hybrid Modeling）。在实体建模的 CAD/CAM 系统中,通常采用 CSG 和 B-REP 相结合的混合建模法。在原 CSG 结构树的非终端节点上扩充一级边界数据结构,以达到实现快速图形显示的目的,如图 3.10 所示。具体应用中将 CSG 作为系统的外部模型,将 B-REP 作为系统的内部模型;然后将 CSG 作为用户界面输入工具,采用体素法并结合布尔运算,建立 CSG 实体模型;同时系统根据已建立的 CSG 模型,创建出 B-REP 模型,以便在计算机内部存储详细的形体数据。

混合建模法充分利用了两种不同表示法的特点,实现信息互补,既保证了实体模型信息的完整性和精确性,又方便了实体建模的过程。

3.3.4 空间单元表示法

空间单元表示法也叫分割法,其基本思想是通过一系列空间单元构成的图形来表示物体。这些单元是具有一定大小的平面或立方体,在计算机内部主要通过定义各单元的位置是否被实体占有来表达物体。图 3.11 所示为圆环的空间单元表示法。空间单元表示法要求有大量的存储空间,同时它的算法比较简单,可作为物理特性计算和有限元网格划分的基础。

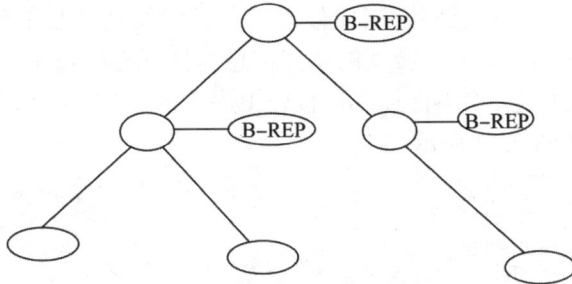

图 3.10　混合模型的数据结构

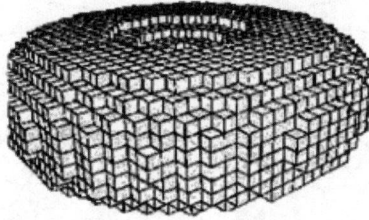

图 3.11　圆环的空间单元表示法

空间单元表示法的最大优点是便于做出局部修改及进行几何运算,用来描述比较复杂,尤其是内部有孔,或具有凸凹等不规则表面的实体。其缺点是不能表达一个物体各部分之间的关系,也没有点、线、面的概念。

3.4　机械零件的特征建模

3.4.1　特征建模的定义

特征建模技术被誉为 CAD/CAM 发展的新里程碑,它的出现和发展为解决 CAD/CAPP/CAM 集成提供了理论基础和方法。特征是一种综合概念,作为"产品开发过程中各种信息的载体",除了包含零件的几何拓扑信息外,还包含了设计制造等过程所需要的一些非几何信息,如材料信息、尺寸信息、形状公差信息、热处理及表面粗糙度信息和刀具信息等。因此,特征包含丰富的工程语义,它是在更高层次上对几何形体上的凹腔、孔、槽等的集成描述。例如,物体的被加工孔是圆柱面,而凸台也是圆柱面,对于同一种几何体素,其加工方法却完全不同,因此不再简单地将"孔"表示为"圆柱体",而是用若干属性来描述,说明形成特征的制造工序类别及特征的形状、长、宽、直径等,以满足生产加工的要求。

从不同的应用角度研究特征,必然引起特征定义的差异。根据产品生产过程阶段的不同可将特征区分为：设计特征、制造特征、检验特征、装配特征等。根据描述信息内容的不同可将特征区分为：形状特征、精度特征、材料特征、技术特征等。为了能对特征在整个产品开发过程中进行系统化描述，提出了广义特征的概念。广义特征是产品生命周期内各种特征信息的集合，它包含名义形状、公差、表面处理以及其他制造信息的建模方法等。特征建模建立在实体建模的基础上，加入了实体的精度信息、材料信息、技术要求和其他有关信息，另外，还加入了一些动态信息，如零件加工过程中工序图的生成、工序尺寸的确定等信息，以完整地表达实体信息，如图 3.12 所示。

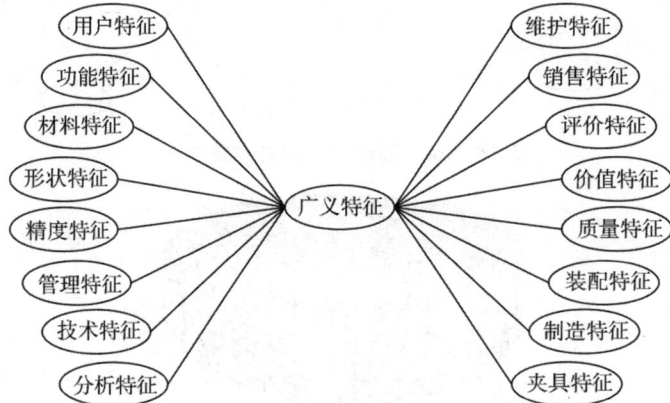

图 3.12 广义特征定义

3.4.2 形状特征的分类

形状特征是描述产品或零件的最基本特征，因此目前特征的分类多以形状特征为主进行研究。与特征的分类一样，形状特征的分类不仅取决于产品类型（铸、锻、焊或钣金等），而且取决于设计者的思想和工程应用（设计、分析、工艺、制造和装配等）。

形状特征按照其在设计过程中的作用分为基准特征、主特征（外轮廓主特征和内轮廓主特征）、辅助特征等。进行特征分类，首先要考虑基准特征，再依据基准特征分别建立零件的主特征（外轮廓主特征和内轮廓主特征）和辅助特征。图 3.13 为特征空间中盘类零件形状特征分类。

3.4.3 基于特征设计建模

特征建模是实现产品设计与制造信息集成的一种行之有效的产品设计模型。特征模型概念提出至今，先后有交互式特征定义、特征自动识别、基于特征设计等多种不同的特征建模方法。

基于特征设计建模是在系统中预先定义一系列特征，建立系统特征库，设计时直接利用特征库的各类特征，定义特征参数，再结合布尔运算构建产品结构体，并对相关特征赋予材料、精度、公差等属性，以此建立产品数字化特征模型。

基于特征设计建模方法所建模型包含的信息丰富、全面，既包含完整、准确的几何信息，又包含大量工艺信息和管理信息，建模过程灵活方便，便于模型修改，各种信息易于计算机理解和处理，因此，基于特征设计建模方法已成为当前基于特征建模的主要手段。

```
                                        基准面        设计基准    主基准
                          基准特征      基准线                   附属基准
                                        基准点        加工基准    走刀起点
                                                                  退刀面
                                        回转体        圆柱体
                          外轮廓                      圆台体
                          主特征        非回转体      长方体
                                        非规则体      多次曲线体
  盘类零件                              圆柱孔        通孔
  形状特征    ──        内轮廓          圆锥孔        不通孔
                          主特征        抽壳体
                                        圆柱凸台
                                        凸台类        圆锥凸台
                                                      方形凸台
                                        肋板
                                                      倒角                    V形槽
                          辅助特征      倒角类                                T形槽
                                                      倒圆          平面直通槽类  燕尾槽
                                        槽类          凹槽类                    矩形槽
                                                      越程槽类
                                        孔类          均布孔
                                                      沉头孔
                                                      斜孔
                                                      阶梯孔
                                                      同轴孔
```

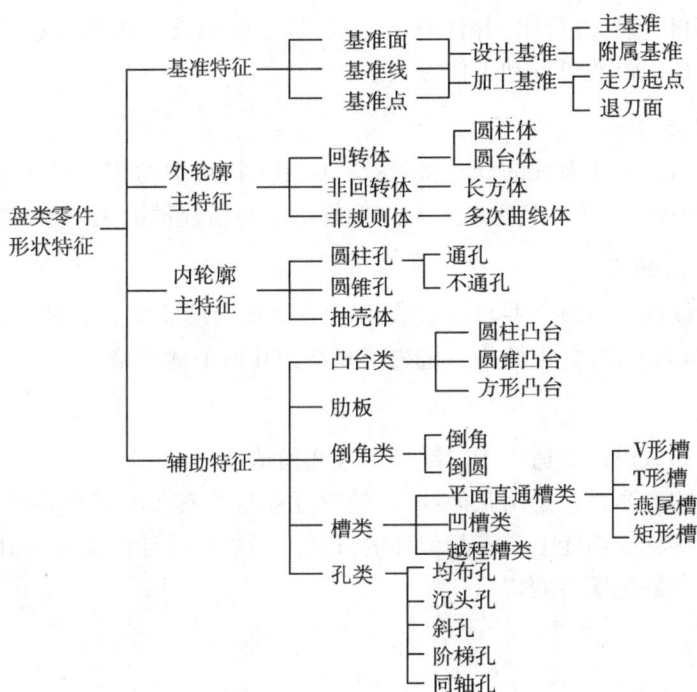

图 3.13　特征空间中盘类零件形状特征分类

3.5　参数化设计

用 CAD 方法开发产品时,零件设计模型的建立速度是决定整个产品开发效率的关键。产品开发初期,零件形状和尺寸有一定的模糊性,要在装配验证、性能分析和数控编程之后才能确定。这就希望零件模型具有易于修改的柔性。参数化设计方法就是将模型中的定量信息变量化,使之成为任意调整的参数。为变量化参数赋予不同数值,就可得到不同大小和形状的零件模型。

参数化设计的核心内容是参数设计。参数设计是指用一组参数来定义几何图形的尺寸数值,并构造尺寸关系,然后供设计师进行几何造型的一种方法。参数与设计对象的控制尺寸有一种对应关系,设计结果的修改靠尺寸驱动来完成。这种方法常用来设计一些产品的系列化标准件。参数化设计的主要技术特点如下:

(1)约束

约束是指用一些法则或限制条件来规定构成物体的各元素之间的关系。约束一般可分为尺寸约束和几何拓扑约束。尺寸约束一般是指对大小、角度、直(半)径、坐标位置等可测量的数值进行限制。几何拓扑约束是指对平行、垂直、共线、相切等非数据几何关系进行限制。

(2)尺寸驱动

尺寸驱动是指在约束的条件下修改某一尺寸参数时,系统自动检索出该尺寸参数对应的数据结构,找出相应的方程组,并计算出参数,最终驱动几何图形形状的改变。这种方式特别符合工程设计人员的思维和工作方式。

（3）数据相关

数据相关是指对尺寸参数的修改将导致其他相关模块中的相关尺寸全盘更新。其优点在于:用尺寸的形式控制了几何形状。它彻底解决了自由建模的无约束状态问题。

（4）基于特征的设计

基于特征的设计是指将某些具有代表性的平面几何形状定义为特征,并将其尺寸存为可调参数,用来形成实体,并以此为基础进行复杂的几何形体构造。

（5）包容性

包容性是指参数设计要适用于二维和三维几何造型。

参数化设计的主要思想是用几何约束、数学方程与关系来说明产品模型的形状特征,从而设计出一批在形状或功能上具有相似性的方案。参数化设计的关键是几何约束关系的提取、表达、求解及参数化模型的构造。

3.6 基于 Pro/E 的参数化三维造型技术

3.6.1 Pro/E Wildfire 软件介绍

Pro/E Wildfire 是美国参数技术公司(PTC,Parametric Technology Corporation)开发的计算机辅助设计与制造软件。该软件功能强大,很快被广大用户接受,目前已经成为应用最广泛的 CAD/CAE/CAM 软件之一。

Pro/E Wildfire 软件可以完成从产品设计到制造的全过程,为工业产品设计提供了完整的解决方案,主要包括三维实体建模、装配模拟、加工仿真、NC 自动编程、有限元分析等常用功能模块,还包括模具设计、钣金设计、电路布线、装配管路设计等专用模块。

同时 Pro/E Wildfire 也是最先进的 CAD/CAE/CAM 软件的代表。由它提出的基于特征、全参数化、全相关、单一数据库及数据再利用等概念改变了传统的机械设计自动化(MDA,Mechanical Design Automation)观念。由此开发的 Pro/E Wildfire 软件能够实现并行工程,让多个用户同时进行同一产品的设计、制造。这大大缩短了产品开发的周期,降低了产品设计、生产、产品测试等环节的生产成本。

Pro/E Wildfire 软件的主要技术特点如下:

（1）基于特征的参数化造型

基于特征的参数化造型是指将一些具有代表性的几何形体定义为特征,并将其所有尺寸作为可变参数,例如倒圆角特征、倒直角特征等,并以此为基础进行更为复杂的几何形体构造。产品的生成过程其实就是多个特征的叠加过程。

（2）全相关特性

Pro/E Wildfire 软件的所有模块都是全相关的,使用同一个数据库。因此,在产品开发过程中在任何一个模块中进行的修改,都会扩展到整个设计过程,系统自动更新所有的相关文档,这大大缩短了修改的时间。

（3）全尺寸约束

将特征的形状与尺寸结合起来,通过尺寸约束实现对几何形状的控制,造型必须以完整的尺寸参数为出发点,不能漏标尺寸(欠约束),也不能多标尺寸(过约束)。

（4）尺寸驱动设计修改

通过修改尺寸参数可以很容易地进行多次设计迭代,实现产品开发。

3.6.2　Pro/E 工作界面及模型树

Pro/E 工作界面如图 3.14 所示,主要由窗口上方的标题栏、菜单栏、工具栏,窗口左侧的导航选项卡,窗口右侧的特征按钮,窗口底部的操控栏、上滑面板、命令解释行、信息提示行、选择过滤器组成。

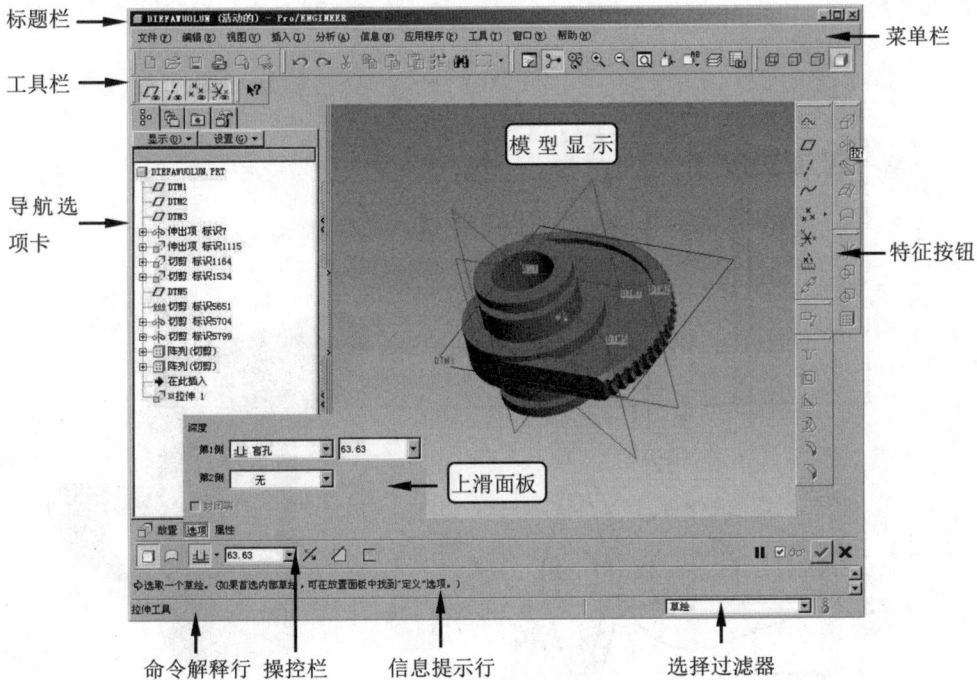

图 3.14　Pro/E 工作界面

单击导航选项卡的模型树按钮,可显示零件的模型树内容。模型树是记录当前活动文件中所有零件及其特征的列表,模型树的结构用以显示零件的层级关系。模型树中存在两种基本关系,即相邻关系和父子关系。相邻关系表示两个特征是并列的,它们依附于共同的父特征。父子关系表示两个特征存在依附关系,一个特征依附在另一个特征上,被依附的特征称为父特征,修改父特征会对子特征产生影响。

在模型树中用户可以对特征进行以下管理：

(1)特征重定义：通过特征重定义可以重新定义特征的属性、特征的草绘平面和草绘截面形状等。

(2)特征删除：删除选择的特征，同时该特征的子特征也会被删除。

(3)特征排序：实体创建后，可以根据需要改变特征的生成顺序，即对特征进行排序。需要注意的是，子特征不能移动到父特征之前。

(4)特征隐含和隐藏：当创建的实体结构比较复杂、特征数目很多时，为了简化零件模型显示和加快系统运行速度，可将一些与当前工作无关的特征进行隐含或隐藏。

模型树是现代基于特征的 CAD/CAM 造型系统中一个非常有用的工具，模型树窗口可以清晰地显示零件的特征构成及特征之间的关系，便于设计者对特征进行管理和操作。

3.6.3 零件设计实例

下面将介绍如何使用 Pro/E 绘制草图、建立零件、创建装配体等。

本节首先介绍如何利用绘制草图、标注尺寸、建立拉伸的凸台和切除等特征，建立如图 3.15 所示的支架零件。

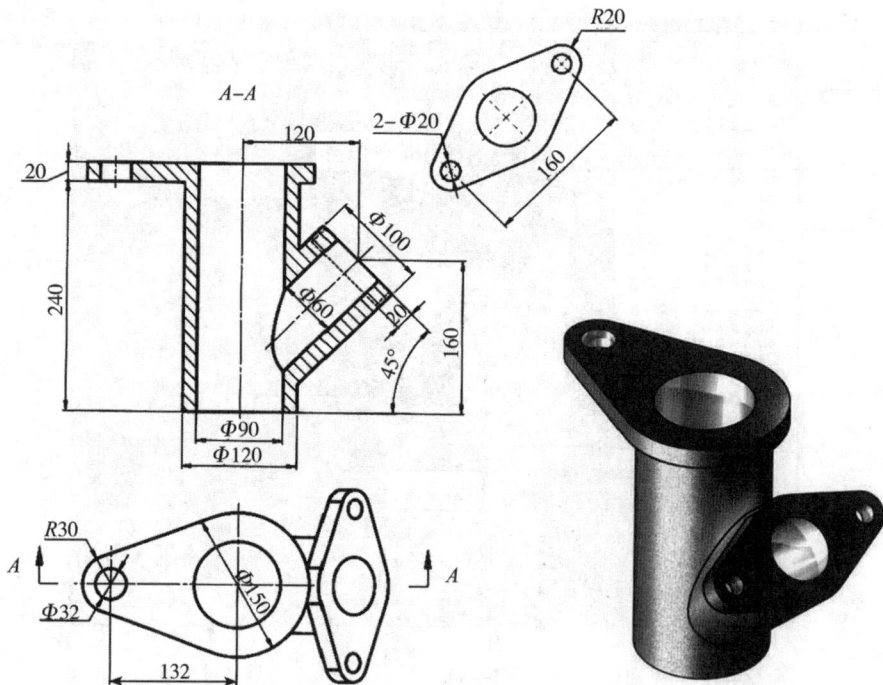

图 3.15　支架零件(单位：mm)

3.6.3.1　建立新文件

建立新文件的操作方法如下：

单击如图 3.14 所示的新建文件图标 ，或执行下拉菜单的"文件"→"新建"，或按快捷键 Ctrl+N，弹出新建对话框，如图 3.16 所示。

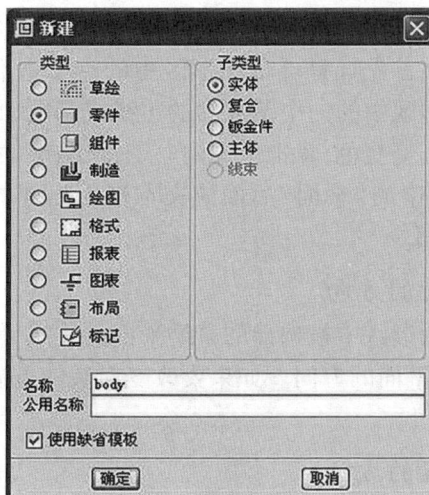

图 3.16　新建 Pro/E 文件

在对话框中选择"零件"。

在名称文本输入框中输入草图名,如"body"。

单击"确定"按钮,即可进入创建零件界面。

3.6.3.2　建立拉伸特征

需要建立"body"零件的第一个特征,如图 3.15 所示,首先建立中央的圆柱体,可以使用拉伸特征完成。选择"Top"作为这个特征的草图平面。

①选择如图 3.14 所示的下拉菜单的"插入"→"拉伸"命令或单击特征按钮中的图标按钮 。

②单击"拉伸"创建面板的"放置"命令,弹出定义草绘截面的上滑面板,单击上滑面板中的"定义"按钮,弹出如图 3.17 所示的草绘截面放置属性定义对话框。

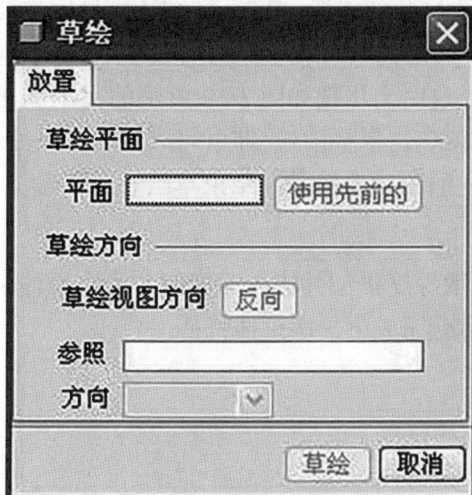

图 3.17　草绘截面放置属性定义对话框

（1）选择草绘平面

在绘制草绘截面时,必须首先选择屏幕图形区中的一个基准面作为草绘平面。操作的方法是,将鼠标靠近屏幕图形区中的一个基准面的边线或基准面的提示字符,这时该基准面的边线将呈蓝色加亮,字符也呈蓝色,单击鼠标的左键,该基准面就被定义为草绘平面,这时对话框中的"草绘平面"区域中的"平面"后面的文本框中出现被单击的基准面的名称。本例中选择"Top"作为草绘平面。

（2）设置草绘平面查看的方向

选择草绘平面后,屏幕图形区中被选择的草绘平面的边线旁边会出现一个黄色箭头,箭头的方向表示当前查看草绘平面的方向。如果要改变箭头的方向,可以单击对话框中"草绘视图方向"后面的"反向"按钮。

（3）设置草绘平面放置的方位

指定草绘平面查看的方向后,还必须为草绘平面指定一个与之相垂直的平面作为参照,并指出参照平面相对草绘平面的位置关系。

单击草绘截面放置属性定义对话框中"参照"后面的文本框,再单击屏幕图形区中与草绘平面相垂直的任意基准面,即可将此基准面指定为参考平面。

单击草绘截面放置属性定义对话框中"方向"后面的 ⌄ ,系统会弹出可放置的位置列表,从中选择所需的方位即可。

完成以上操作后,单击此对话框中的"草绘"按钮,系统即可进入截面的草绘环境。

（4）绘制截面图形

在草图绘制状态下,可以使用多种绘图工具绘制几何图形,如直线、圆、矩形等。在草图绘制工具栏单击按钮移动光标到坐标系原点,单击鼠标,绘制一个圆。由于 Pro/E 是尺寸驱动的设计软件,因此,在绘制草图时,不需要按照精确尺寸来绘制,草图的实际尺寸由后面步骤中的标注尺寸确定。标注尺寸的方法非常简单,首先进入特征操作并单击工具栏上的图标按钮 ↦ ,然后选取要标注尺寸的线段,单击鼠标左键,最后选择尺寸文本放置的位置,单击鼠标滚轮,出现如图 3.18 所示的尺寸标注。如需要修改尺寸值,则将鼠标移至要修改的尺寸文本上,双击鼠标左键,这时会出现如图 3.19 所示的文本修正框,在文本修正框中直接输入新的尺寸值,按回车键或单击鼠标滚轮,即可完成修改。尺寸修改后由原来的灰色变为黑色。绘制后单击操控栏中的图标按钮 ✓ ,结束草绘。

（5）确定拉伸长度

建立拉伸特征时,可选取深度类型并输入深度值。给定拉伸长度 240 mm,并按回车键,单击操控栏中的图标按钮 ✓ 完成第一次拉伸特征。

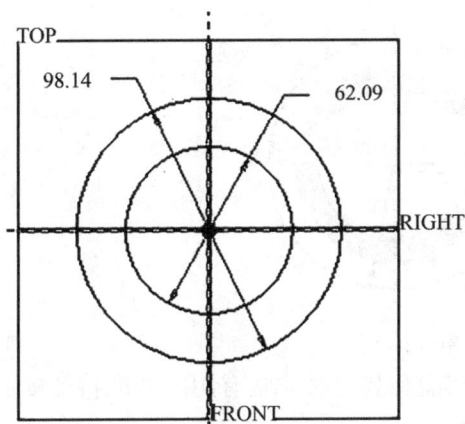

图 3.18　尺寸标注(单位:mm)

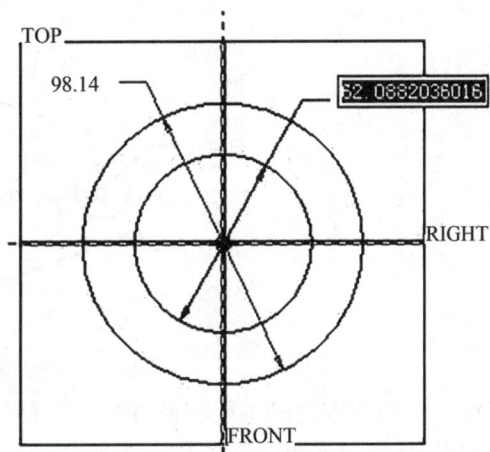

图 3.19　尺寸修改(单位:mm)

3.6.3.3　草图绘制中的边线引用和几何约束

除了可以使用多种绘图工具绘制几何图形,如直线、圆、矩形等,也可以将现有模型的边线转换为草图元素,或利用模型的边线等距生成草图元素。草绘工具栏中"通过边创建图元"的图标按钮为 ▢。此外,如果草图复杂,可以加入几何关系进行约束,"施加草绘约束器"的图标按钮为 ▣。表 3.1 为 Pro/E 提供的约束种类。

表 3.1　Pro/E 提供的约束种类

约束按钮	约束实现的功能	约束显示符号
↕	使直线或两顶点竖直	H 或 ┆
↔	使直线或两顶点水平	V 或 — —
⊥	使两图元垂直	⊥
∿	使两图元(圆与圆、直线与圆)相切	T
╲	把一点放在线的中间	M
⊙	使两点重合或两线共线	⌾ 或 ⌁
⊣├	使两点或顶点对称于中心线	→←
=	创建相等长度、相等半径或相等曲率	等长 L_1、L_2,等半径 R_1、R_2
//	使两直线平行	$//_1$

图 3.20 为"body"上部位的截面图形,利用拉伸特征的内边界作为当前草图的图元,直线与圆弧加入了相切的约束。全部截面图形完成之后,将作图的辅助线删除,进行第二次拉伸,拉伸长度为 20 mm,即可生成"body"上连接部位。

3.6.3.4　基准平面的创建

Pro/E 中的基准包括基准平面(基准面)、基准轴、基准点和坐标系等,也称为基准特征,

图 3.20　截面图形（单位：mm）

基准特征在创建零件的一般特征、曲面、零件的剖切面和装配时非常有用。基准特征的创建方法相近，下面以基准平面的创建为例进行说明。

　　系统为用户提供了 TOP、FRONT、RIGHT 三个草绘基准平面，用于草图绘制。但有时这三个草绘平面都无法满足零件的形状设计，必须创建新的基准平面。下面以创建"body"左侧接口形状为目标，创建一个与 RIGHT 平行的基准平面。

　　（1）单击如图 3.14 所示的特征按钮中的图标按钮▱。

　　（2）选取 RIGHT 平面作为参照面，并将约束设定为"偏移"。

　　（3）在基准平面对话框中的"平移"文本框中直接输入偏移距离，如图 3.21 所示。

　　（4）点击"确定"按钮，完成新基准平面 DTM1 的建立，如图 3.22 所示。

图 3.21　创建平行偏移基准平面对话框

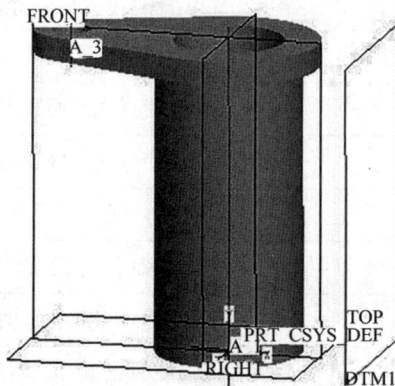

图 3.22　创建平行偏移基准平面

　　（5）类似将"TOP"面向上偏移 160，完成新基准平面 DTM2 的建立。

　　（6）单击特征按钮中的图标按钮╱。

　　（7）鼠标选取如图 3.14 所示的导航选项卡中的"DTM1""DTM2"，建立基准轴 A_4。

　　（8）单击特征按钮中的图标按钮▱，选取基准轴 A_4 并选取"TOP"，将角设置为 45°并建立新的基准平面 DTM3。

■ 3.6.3.5　右侧拉伸特征

　　拉伸右侧倾斜的圆柱。

（1）单击特征按钮中的图标按钮 。

（2）单击"拉伸"创建面板的"放置"命令，弹出定义草绘截面的上滑面板，单击上滑面板中的"定义"，弹出草绘截面放置属性定义对话框，选择 DTM3 作为草绘平面，选择基准轴 A_4 作为参考，绘制右侧上部图形如图 3.23 所示，然后单击 ，完成草绘，给定拉伸距离 20 mm，完成上部创建。

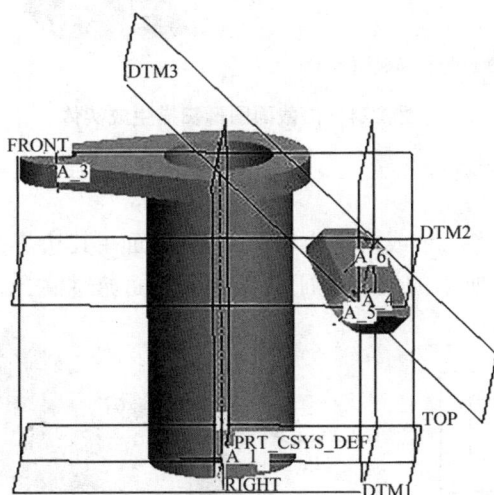

图 3.23　创建右侧上部结构

（3）类似用拉伸特征，选择 DTM3 作为草绘平面，选择基准轴 A_4 作为参考，绘制直径为 100 mm 的大圆，然后单击 ，完成草绘，给定拉伸距离并选择 （拉伸至下一曲面），完成下部创建。

（4）继续采用拉伸特征，选择 DTM3 作为草绘平面，选择基准轴 A_4 作为参考，绘制直径为 60 mm 的大圆，然后单击 ，完成草绘，给定拉伸距离并选择 （拉伸至下一曲面），单击操控栏中的图标按钮 ，选择"去除材料"。完成后按操控栏中的图标按钮 ，确认特征创建，完成单孔切除的创建，得到最终如图 3.15 所示的实体。

3.6.4　生成零件的其他特征

以上介绍的使用 Pro/E 进行的零件设计，是零件建模的基础。Pro/E 作为面向机械设计、消费品、模具设计行业的三维设计软件，还具有非常丰富的特征建模技术。这些特征包括：扫描特征、混合特征、螺旋扫描特征、可变剖面扫描实体特征、扫描混合实体特征、圆角特征、倒角特征、抽壳特征、创建曲面特征等。

◆ 3.6.4.1　扫描特征

扫描特征（Sweep）是将截面沿着一条给定的轨迹线垂直移动而形成的一类实体特征。创建扫描特征，必须定义特征的两大要素：扫描轨迹与扫描截面。图 3.24 所示为由截面图形扫描生成实体。

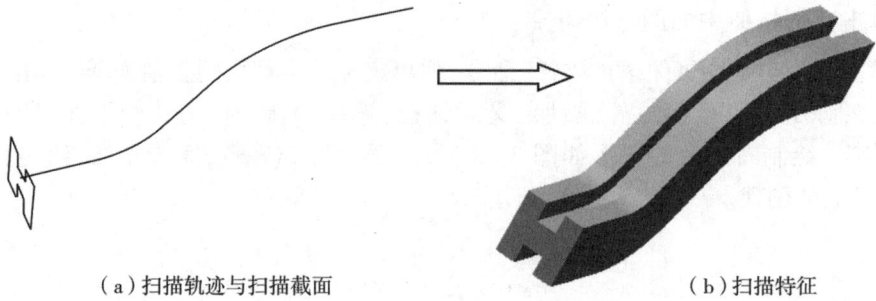

（a）扫描轨迹与扫描截面　　　　　　　　　　　（b）扫描特征

图 3.24　由截面图形扫描生成实体

3.6.4.2　混合特征

混合特征（Blend）是将两个或两个以上的草绘截面在其边界处采用渐变的曲面连接而生成的实体特征，图 3.25 所示的混合特征是由三个截面通过混合方式生成的。

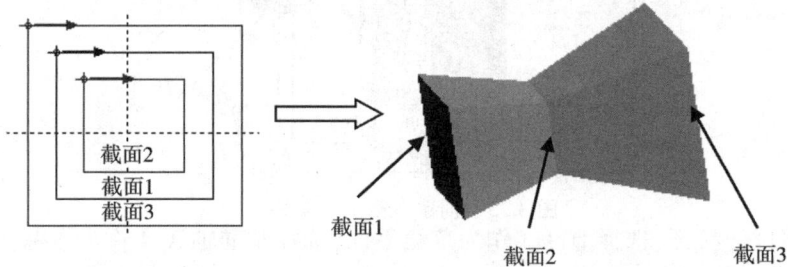

图 3.25　混合特征

3.6.4.3　螺旋扫描特征

螺纹紧固件是机械装配中应用很多的一类零件，这类零件的螺纹结构在 Pro/E 中由螺旋扫描特征完成。下面对螺纹结构的创建做详细介绍。

螺旋扫描特征（Helical Sweep）是指将一个截面图形沿着一条螺旋轨迹进行扫描，从而生成螺旋特征。Pro/E 中的螺旋轨迹是通过一条扫描外形线、一条旋转中心线以及螺旋线的螺距来定义的。而外形线和轨迹线并不在最后的特征中显示。图 3.26 所示为螺旋扫描特征。

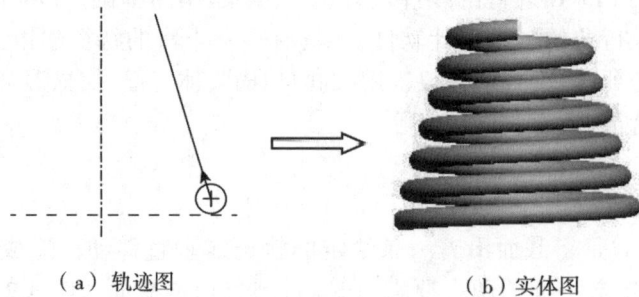

（a）轨迹图　　　　　　　　　　　　　（b）实体图

图 3.26　螺旋扫描特征

螺旋扫描特征创建的过程如下：

在如图 3.14 所示的菜单栏中依次选择"插入"→"螺旋扫描"→"伸出项"命令后,系统则弹出如图 3.27(a)所示的属性菜单,用来定义螺旋扫描特征的属性。此时螺旋扫描对话框如图3.27(b)所示。

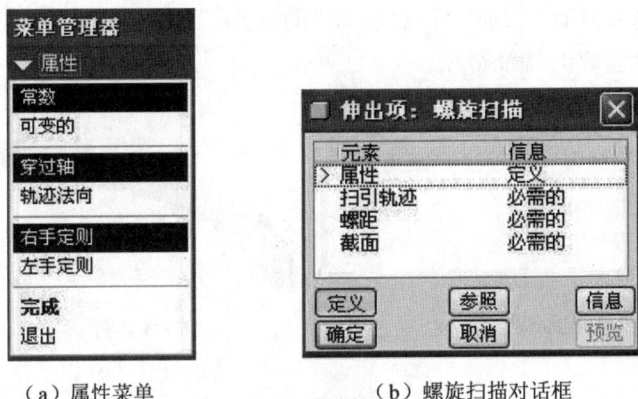

（a）属性菜单　　　　　（b）螺旋扫描对话框

图 3.27　螺旋扫描设置

属性菜单的各项含义如下:

（1）螺距控制

"常数""可变的"两个属性用于控制特征生成时螺距为常量还是变量。

（2）截面方向

"穿过轴""轨迹法向"分别控制扫描时截面图形的法线方向。

（3）旋向

生成螺旋扫描特征时,可以使用两种旋转方向。
①右手定则(Right Handed):螺旋线的方向由右手定则定义。
②左手定则(Left Handed):螺旋线的方向由左手定则定义。

3.6.4.4　可变剖面扫描实体特征

可变剖面扫描(Var Sec Sweep)实体特征,可以通过控制截面的方向和形状,使截面沿一个或多个选定轨迹扫描截面来创建实体或曲面。图 3.28 所示为一个矩形截面沿五条轨迹线扫描形成的可变剖面扫描实体特征。

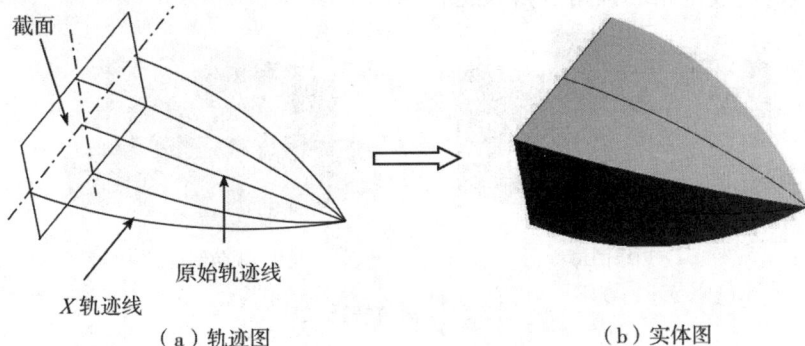

截面　　原始轨迹线　　X轨迹线

（a）轨迹图　　　　　（b）实体图

图 3.28　可变剖面扫描实体特征

■ 3.6.4.5 扫描混合实体特征

扫描混合(Sweep Blend)实体特征是使用轨迹线与多个截面图形来创建一个实体或曲面特征。这种特征同时具有"扫描""混合特征"的效果。图 3.29 所示为由三个截面图形沿一条轨迹线扫描混合形成的特征造型。

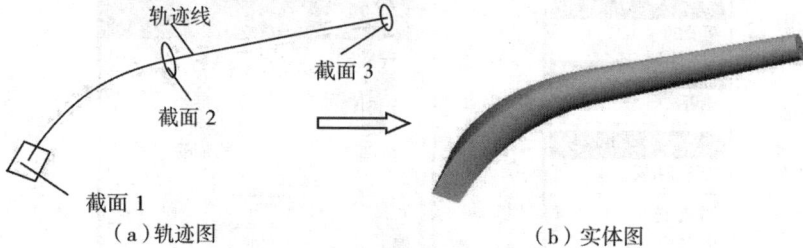

（a）轨迹图　　　　　　　　　　　　　　（b）实体图

图 3.29　扫描混合实体特征

■ 3.6.4.6 圆角特征

圆角(Round)特征可以在相邻的面之间创建光滑曲面,在零件设计中起着重要作用。在 Pro/E 中,可以创建两种类型的圆角:等值圆角和不等值圆角,如图 3.30 所示。

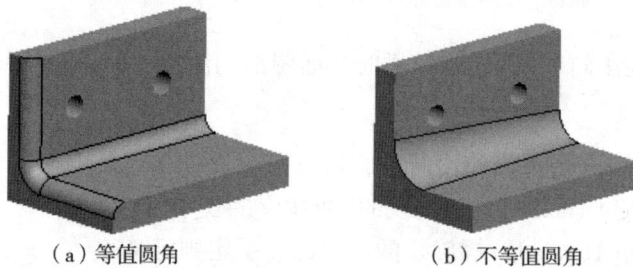

（a）等值圆角　　　　　　　　　　　（b）不等值圆角

图 3.30　圆角特征

■ 3.6.4.7 倒角特征

零件设计过程中,通常需要对零件端部的边角进行倒角处理。Pro/E 提供了两种创建倒角特征的方式:边线倒角和顶角倒角,如图 3.31 所示。

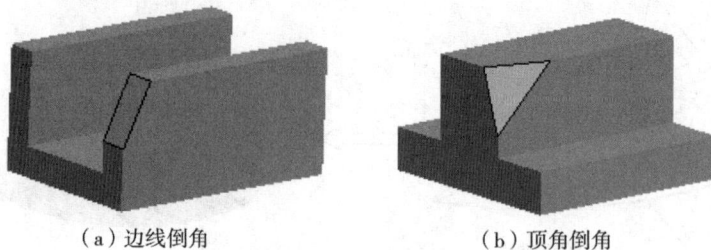

（a）边线倒角　　　　　　　　　　　（b）顶角倒角

图 3.31　倒角特征

3.6.4.8 抽壳特征

抽壳(Shell)特征是将实体的一个或几个表面去除,然后掏空实体内部,留下一定壁厚的壳。Pro/E 提供了两种类型的抽壳特征:等厚度的抽壳和不等厚度的抽壳,如图 3.32 所示。

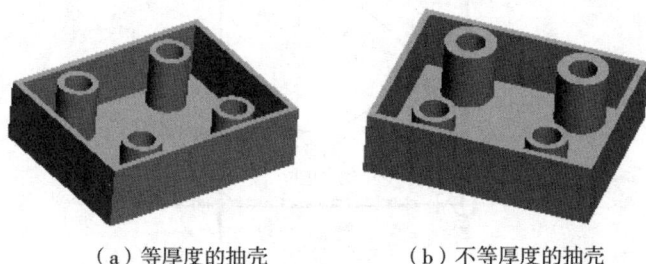

(a)等厚度的抽壳　　　　　　　(b)不等厚度的抽壳

图 3.32　抽壳特征

3.6.4.9 创建曲面特征

在 Pro/E Wildfire 3.0 软件中有多种创建曲面特征的方法,但可以大致分为两类:直接创建和间接创建。

直接创建是指使用前面所讲的如拉伸、旋转、扫描、混合、可变剖面扫描、扫描混合、螺旋扫描的方法直接创建曲面特征。间接创建是指由曲线通过边界混合的方法或者通过与已有的曲面相切的方法创建曲面特征。

绘制如图 3.33(a)所示的曲线图形(可以首先创建辅助基准平面,然后在平面上绘制曲线),再激活边界混合命令。依次选择如图 3.33(a)所示的第一方向的三条曲线和第二方向的三条曲线,得到如图 3.33(b)所示的双向边界曲面。

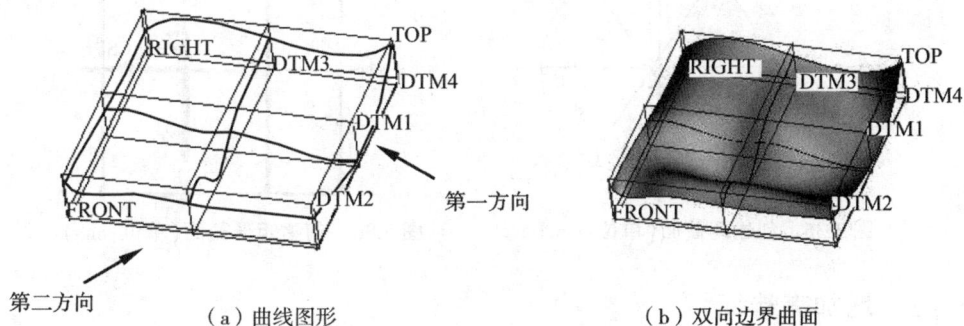

(a)曲线图形　　　　　　　　　(b)双向边界曲面

图 3.33　创建曲面特征

3.6.5 利用扫描混合特征创建圆方管转接头

3.6.5.1 建立扫描曲线

(1)新建零件文件并命名为"connector"。

(2)单击如图 3.14 所示的特征按钮中的图标按钮，选择基准面 FRONT 为草绘平面,选择基准面 RIGHT 为左视图平面,然后单击进入草绘环境。

（3）绘制如图 3.34 所示的 1/4 圆弧,然后单击 ✔,完成扫描轨迹。

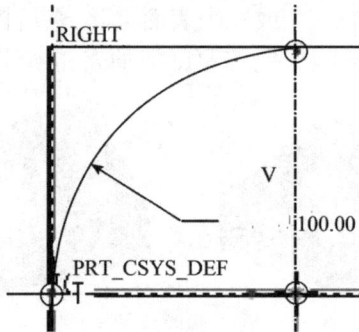

图 3.34　创建轨迹

3.6.5.2　建立扫描混合特征

（1）选择如图 3.14 所示的菜单栏中的"插入"→"扫描混合"→"伸出项"命令。

（2）单击"参照",选取刚建立的扫描曲线,然后单击"截面"进入截面面板,单击"选取项目",选取轨迹起点,再单击"草绘",进入草绘截面。

（3）创建圆截面,如图 3.35 所示,然后使用分割命令将圆分割成四段,单击 ✔。

（4）在截面面板单击"插入",选取扫描曲线的末端,然后单击"草绘",进入草绘截面,绘制如图 3.36 所示的矩形截面,然后单击 ✔,生成扫描混合实体。

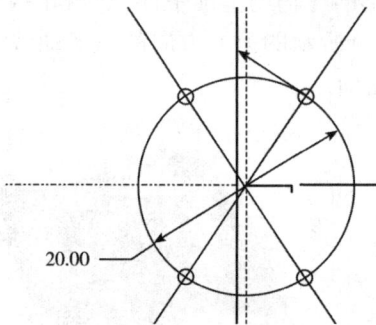

图 3.35　创建圆截面（单位:mm）

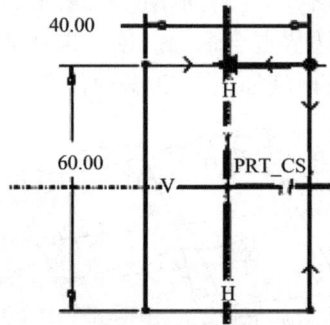

图 3.36　创建矩形截面（单位:mm）

3.6.5.3　增加壳特征

单击如图 3.14 所示的特征按钮中的图标按钮 ▢,选取实体两端面为要移除的曲面,然后输入壳厚度 4,单击 ✔,完成壳特征。

3.6.5.4　增加方形接头

（1）单击如图 3.14 所示的特征按钮中的图标按钮 ▱。

（2）在拉伸控制面板单击"放置",定义基准面 TOP 为草绘平面,基准面 RIGHT 为右视图平面,然后单击进入草绘环境。

（3）创建如图 3.37 所示的方形接头截面。

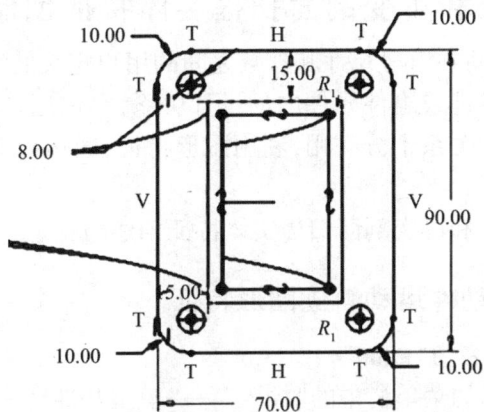

图 3.37　创建方形接头截面（单位：mm）

（4）输入拉伸深度 4，然后单击 ✔，完成方形接头。

3.6.5.5　增加圆形接头

（1）单击如图 3.14 所示的特征按钮中的图标按钮 ☐。

（2）在拉伸控制面板单击"放置"，定义圆管端面为草绘平面，基准面 FRONT 为俯视图平面，然后单击进入草绘环境。

（3）创建如图 3.38 所示的圆形接头截面。

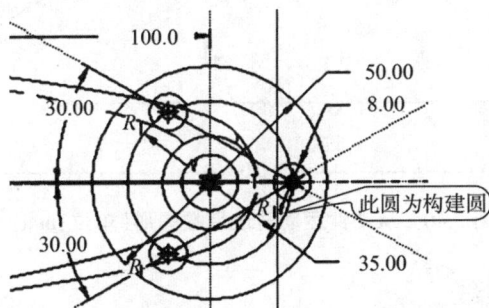

图 3.38　创建圆形接头截面（单位：mm）

（4）输入拉伸深度 4，然后单击 ✔，完成圆形接头，最终得到管接头，如图 3.39 所示。

图 3.39　方圆形转换接头

3.6.6 利用图形特征和可变剖面扫描实体特征创建凸轮

在 Pro/E 中，关系是书写在符号尺寸和参数之间的用户定义的等式，包括数学关系式和程序语法、关系捕获特征、零件或组件元件内的设计关系，允许用户通过修改关系对模型进行修改。图形特征对于创建关系十分有用，利用图形特征，通过计算函数来控制尺寸，可以生成复杂结构。

下面介绍利用图形特征和可变剖面扫描实体特征创建凸轮。

🔲 3.6.6.1 建立凸轮从动件运动轨迹图形特征

（1）新建零件文件并命名为"tulun"。

（2）选择如图 3.14 所示的菜单栏中的"插入"→"模型基准"→"图形"命令。

（3）输入图形名称"tulun"，然后单击 ☑️。

（4）单击 ⅄ 绘制好坐标系，再单击 ┊ 绘制两条中心线作为 x 轴和 y 轴。

（5）创建如图 3.40 所示的从动件运动轨迹函数图形。

（6）单击 ✔，完成图形特征。

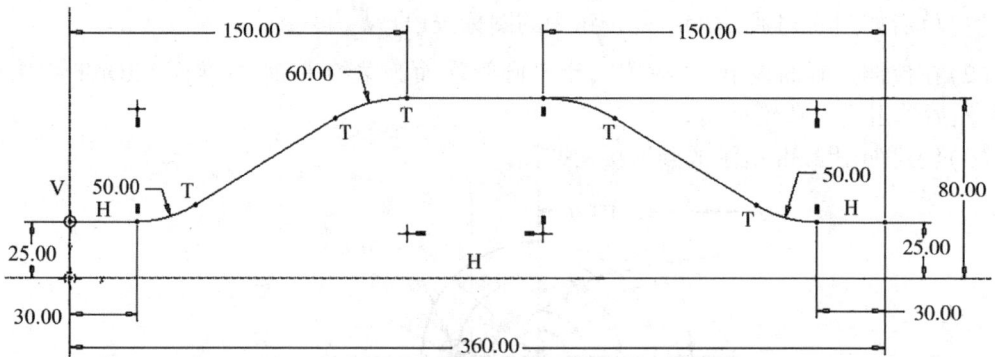

图 3.40 从动件运动轨迹函数图形（单位：mm）

🔲 3.6.6.2 建立扫描曲线

（1）单击如图 3.14 所示的特征按钮中的 ▨，选择基准面 TOP 为草绘平面，选择基准面 RIGHT 为右视图平面，然后单击进入草绘环境。

（2）绘制如图 3.41 所示的扫描轨迹，然后单击 ✔，完成扫描曲线。

🔲 3.6.6.3 创建凸轮盘

（1）单击如图 3.14 所示的特征按钮中的图标按钮 ◹，进入可变剖面扫描。

（2）在可变剖面扫描操控面板中单击 □，选取刚建立的基准曲线。

（3）单击 ☑，进入草绘环境，创建如图 3.42 所示的矩形截面。

（4）单击如图 3.14 所示的菜单中的"工具"→"关系"命令。在"关系"编辑框中输入 sd4 = evalgraph（"tulun"，trajpar * 360），如图 3.43 所示，然后单击确定完成。（该关系中

trajpar 是轨迹参数,其值在 0 和 1 之间变化。)

(5)单击 ,完成凸轮盘。

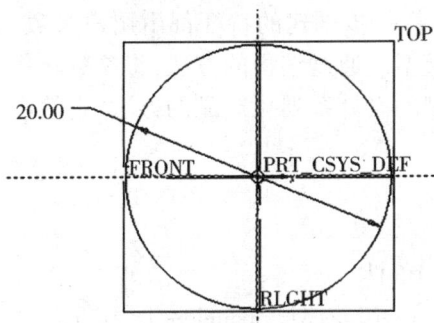

图 3.41 绘制扫描轨迹(单位:mm)

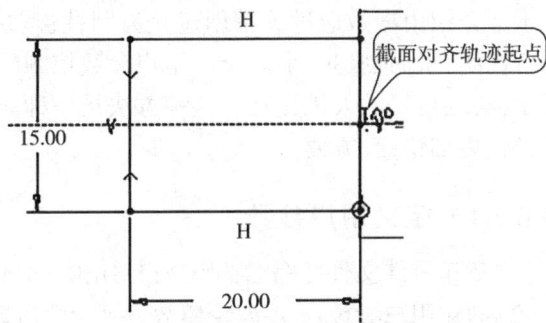

图 3.42 创建矩形截面

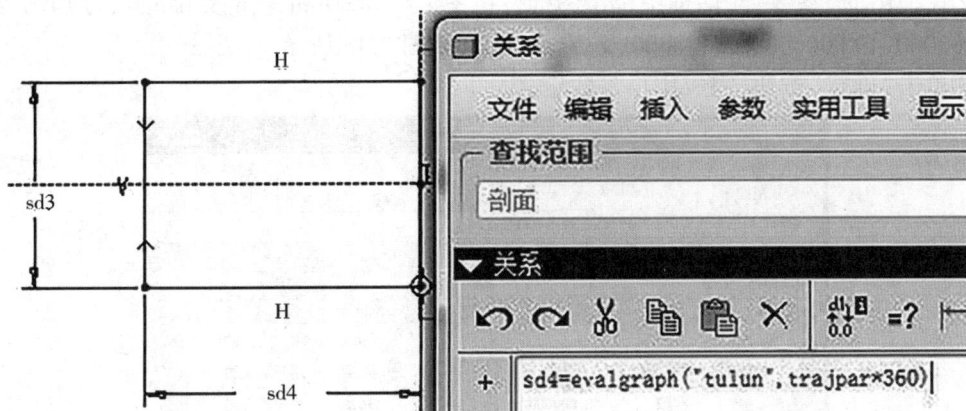

图 3.43 创建尺寸关系

3.6.6.4 增加轮毂

(1)单击如图 3.14 所示的特征按钮中的 ,选择基准面 FRONT 为草绘平面,选择基准面 RIGHT 为右视图平面,然后单击进入草绘环境。

(2)创建如图 3.44 所示的矩形截面,然后单击 ,完成草绘。

(3)输入旋转角度 360,单击完成凸轮轮毂,得到最终凸轮,如图 3.45 所示。

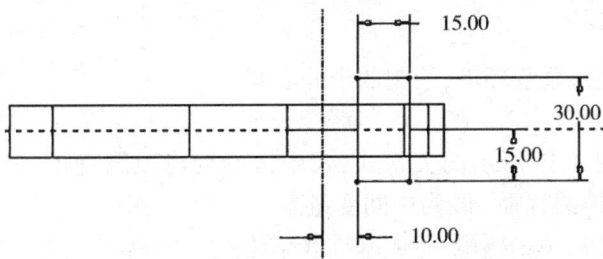

图 3.44 创建矩形截面(单位:mm)

图 3.45 凸轮实体

3.6.7 渐开线直齿圆柱齿轮的参数化建模

本节介绍由参数通过关系创建直齿圆柱齿轮。每一步创建的特征都由用户参数、关系式进行控制，从而创建一个完全由用户参数控制的模型。通过编程的方法，将参数转化为输入提示，实现良好的人机交互。这种方法是一种典型的设计系列化产品的方法，它使产品的更新换代更加快捷、方便。

3.6.7.1 定义用户参数

（1）新建零件文件并命名为"CYLINDER_GEAR.PRT"。

（2）创建用户参数：m—齿轮模数，z—齿轮齿数，b—齿轮厚度，pangle—压力角。

①单击如图 3.14 所示的菜单栏中的"工具"→"参数"命令。

②在弹出的"参数"对话框中单击图标按钮➕，分别添加 m、z、b 及 pangle，分别修改其值为 2.000000、40.000000、25.000000 及 20.000000，如图 3.46 所示。

③单击"确定"按钮，完成用户参数定义。

图 3.46　参数对话框

3.6.7.2 创建基准曲线及模型关系

（1）选择 FRONT 平面为草绘平面，进入草绘环境，绘制四个同心圆。

（2）单击如图 3.14 所示的菜单栏中的"工具"→"关系"命令。

（3）在弹出的关系对话框中添加如图 3.47 所示的关系式，式中，sd0 为齿顶圆直径，sd1 为分度圆直径，sd2 为基圆直径，sd3 为齿根圆直径，db 为中间变量。

（4）先单击"确定"，完成关系设置，然后单击 ✅，完成基准线草绘。

3.6.7.3 通过渐开线方程创建齿廓曲线

（1）单击基准曲线创建图标➕，弹出如图 3.48 所示的曲线选项对话框。在弹出的菜单

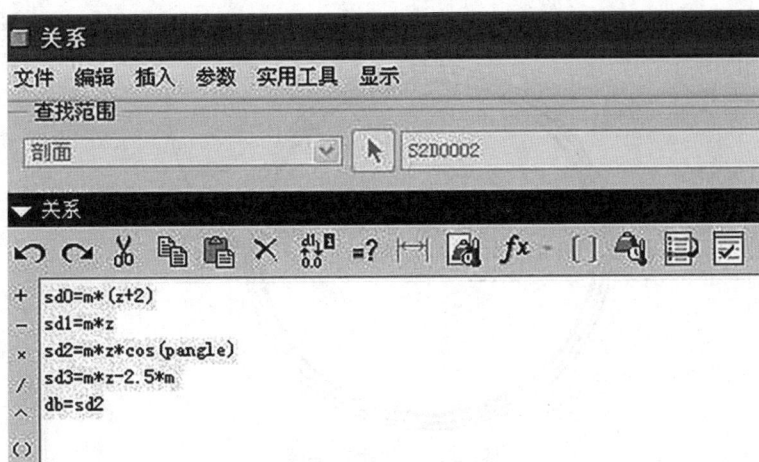

图 3.47　关系对话框

管理器中选择"从方程",单击"完成",弹出曲线:从方程对话框(如图 3.49 所示)和得到坐标系对话框。在模型树中选取默认坐标系 PRT_CSYS_DEF,此时弹出如图 3.50 所示的设置坐标类型对话框,并在设置坐标类型对话框中选取"笛卡尔"。

图 3.48　曲线选项对话框　　　图 3.49　曲线:从方程对话框　　图 3.50　设置坐标类型对话框

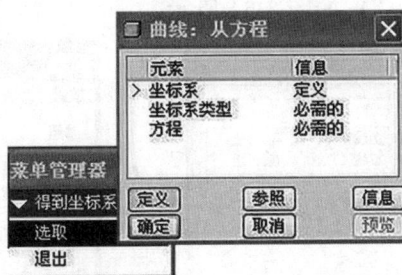

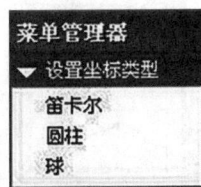

(2)在弹出的记事本编辑器中输入如图 3.51 所示的渐开线方程并保存、退出。

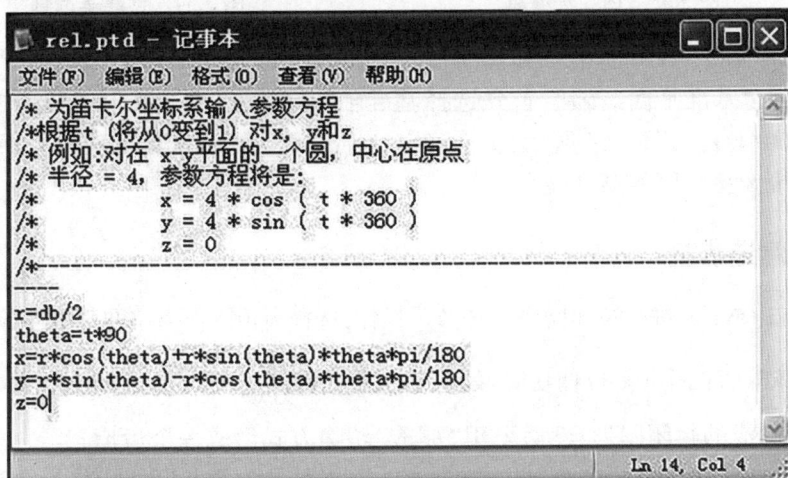

图 3.51　渐开线方程

（3）在曲线：从方程对话框中单击"确定"按钮，创建如图 3.52 所示的渐开线。

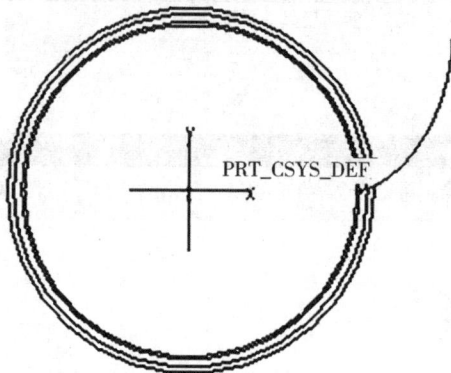

图 3.52　创建渐开线

3.6.7.4　创建镜像另一侧的渐开线

（1）创建两齿廓线的对称平面：

①通过分度圆与渐开线的交点创建基准点 PNT0，如图 3.53 所示。通过 RIGHT 平面与 TOP 平面的交线创建基准轴 A_1，如图 3.54 所示。

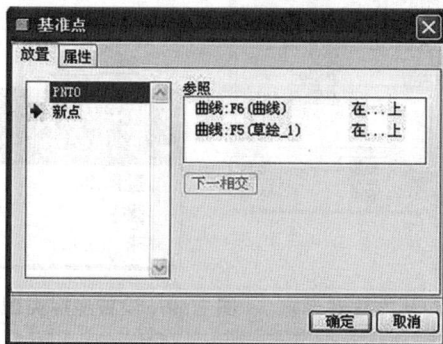

图 3.53　创建基准点

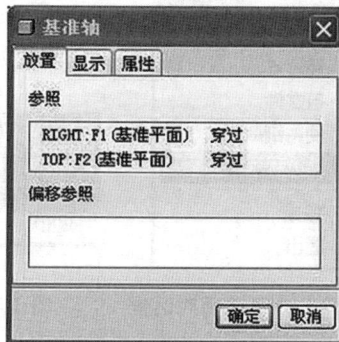

图 3.54　创建基准轴

②通过同时穿过 PNT0 基准点和基准轴 A_1 创建基准平面 DTM1。

③单击"创建基准平面"按钮，首先选择基准轴 A_1，按住"CTRL"键，选择 DTM1 面，输入旋转角度 $360/4/z$，如图 3.55 所示，单击确定，DTM2 即为两齿廓线的对称平面。

（2）创建镜像另一侧的渐开线。

3.6.7.5　建造齿槽

（1）选择 FRONT 面进行拉伸操作，通过 □ 操作，选择齿顶圆作为拉伸草图，拉伸高度为 B。

（2）选择 FRONT 面进行拉伸切除操作，通过 □ 及 ꟼ 操作，形成如图 3.56 所示的齿根圆和两渐开线围成的封闭图形，然后采用"穿透"切除方式形成一个齿槽。

（3）选用"轴"选项阵列，阵列成员数为 40，角度增量为 $360/z$。当输入角度增量 $360/z$ 并按"Enter"键时，系统会弹出对话框来询问是否增加该特征关系，单击"是"按钮。单击阵列"完成"按钮,形成如图 3.57 所示的模型。

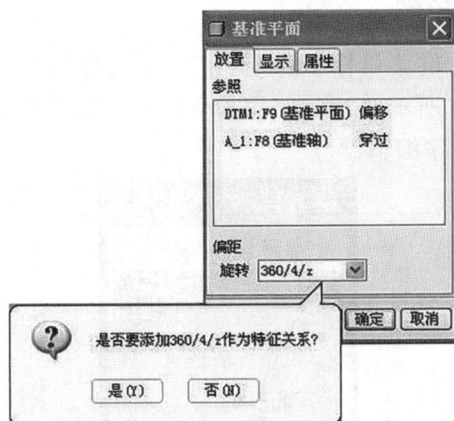

图 3.55　创建两齿廓线的对称平面

图 3.56　绘制齿槽截面

图 3.57　阵列齿槽

(4)设置阵列参数关系式

①单击如图 3.14 所示的菜单栏中的"工具"→"关系"命令,打开关系窗口。

②在模型树上单击"阵列特征",然后按图 3.58 输入关系式。

③单击关系窗口中的"确定"按钮完成。

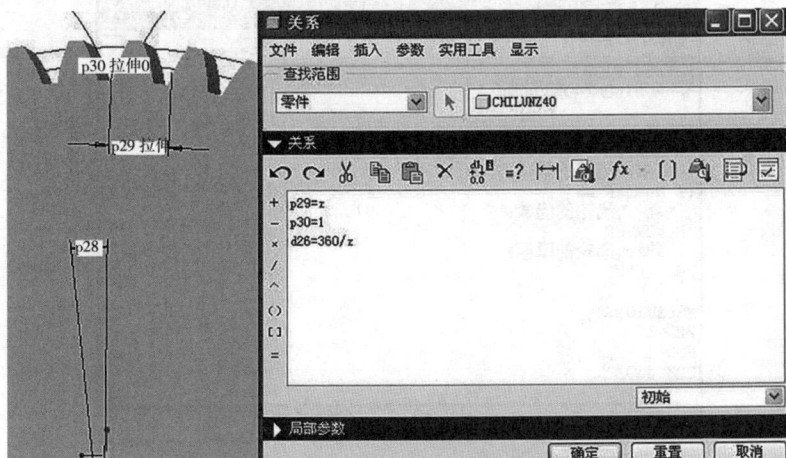

图 3.58　设置阵列参数关系式

3.6.7.6 参数的输入控制

（1）单击如图 3.14 所示的菜单栏中的"工具"→"程序"命令。

（2）在弹出的如图 3.59 所示的"程序"菜单管理器中选择"编辑设计"命令,在"设计"菜单中选择"从模型",弹出程序编辑器。

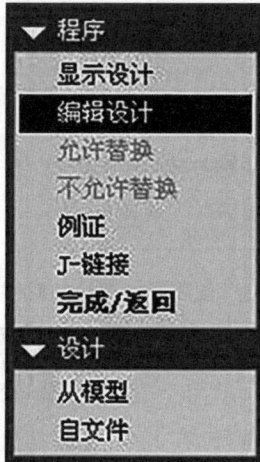

图 3.59 "程序"菜单管理器

（3）在编辑器的 INPUT 和 END INPUT 之间,输入如图 3.60 所示的内容:

M NUMBER

"请输入齿轮的模数:"

Z NUMBER

"请输入齿轮的齿数:"

B NUMBER

"请输入齿轮的厚度:"

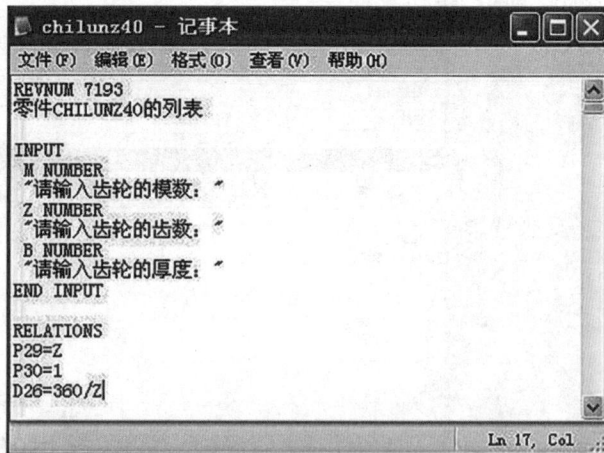

图 3.60 编辑程序

完成后存盘退出。然后弹出如图 3.61 所示的询问对话框,单击"是"。

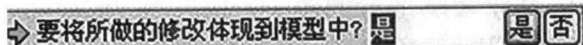

图 3.61 询问对话框

(4)系统出现如图 3.62 所示的"得到输入"菜单,选择其中的"输入"命令,出现如图 3.63 所示的可选参数,选择"M""Z""B"三个复选框,单击"完成选取"命令。

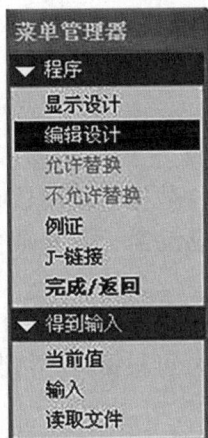

图 3.62 "得到输入"菜单

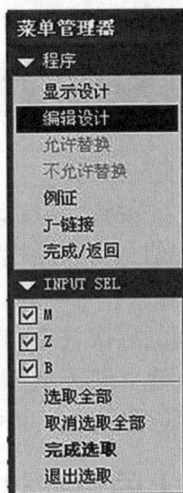

图 3.63 输入参数菜单

(5)系统分别弹出输入对话框,分别输入 2、55、20,系统开始生成如图 3.64 所示的新模型。

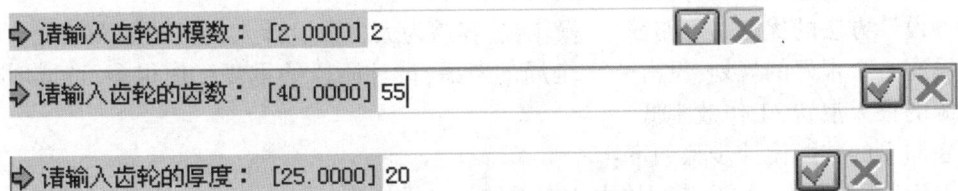

请输入齿轮的模数:[2.0000] 2

请输入齿轮的齿数:[40.0000] 55

请输入齿轮的厚度:[25.0000] 20

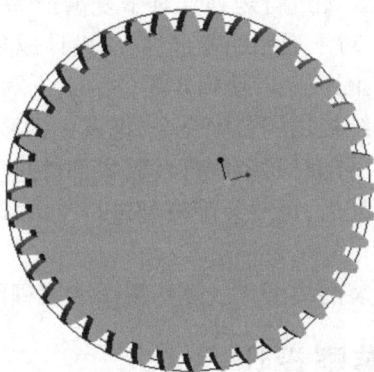

图 3.64 新模型

3.6.7.7 保存文件，完成齿廓部分创建

以后每次打开该零件文件时，如果要产生新的渐开线圆柱直齿小齿轮，单击 ⬛（再生模型）按钮，将弹出"得到输入"菜单。在"得到输入"菜单中，选择"输入"选项，接着出现 IN-PUT SEL 菜单，从中指定要重新定义的参数，输入新值即可。

3.7 装配模型及装配方法

装配模型是一个支持产品从概念设计到零件设计，完整、正确地传递不同装配体设计参数、装配层次和装配信息的产品模型。它是产品设计过程中数据管理的核心，是产品开发和支持设计灵活变动的强有力工具。一个完整的装配模型应包含三个方面的信息：零件的信息，装配中零件之间的层次关系，装配中零件的装配关系。

在产品设计中，建立装配模型的方式有两种：自底向上（Bottom-up）的装配设计和自顶向下（Top-down）的装配设计。两种装配设计方法各有优势，可根据具体情况进行选用。

3.7.1 自底向上的装配设计

自底向上的装配设计方法是目前应用最多的一种设计方法。它的主要思路是先设计好各个零件，然后将这些零件进行装配。如果在装配过程中发现某些零件不符合要求，诸如零件与零件之间产生干涉、某一零件根本无法进行安装等，就重新对各零件进行设计，再重新装配，若再发现问题，就再进行修改，如此反复。

这种设计方法的优点是思路简单，操作快，容易为大多数设计人员所理解和接受。但由于事先没有一个很好的规划，没有一个全局的考虑，设计阶段的重复工作很多，造成时间和人力资源的很大浪费，工作效率低。

自底向上的装配设计步骤如下：

（1）零件设计：逐一构造装配体中所有零件的三维模型。

（2）装配规划：对产品装配进行规划。对于复杂产品，应采用部件划分多层次的装配方案，进行装配数据的组织。对于通用的零部件，应设计成独立的子装配文件以便在装配时引用。同时，应考虑产品的装配顺序以便确定零件的引入顺序和配合约束方法。

（3）装配操作：采用系统提供的装配命令，把调入的零部件逐一装配成产品模型。

（4）装配管理和修改：可随时对装配件及其零部件进行替换和修改等。

（5）装配分析：完成装配后，可对装配模型进行干涉检查及零部件物理特性分析，以便及时对装配模型进行修改。

（6）生成装配文件：将装配模型生成爆炸视图或工程图，用于后续的生产加工。

3.7.2 自顶向下的装配设计

自顶向下的装配设计模式是模拟实际产品的开发过程，从功能建模开始，根据产品功能

要求和设计约束,在确定产品的初步设计模型的基础上,确定各组成零部件之间的装配关系和相互约束关系,在确定产品的初步组成和形状的基础上,完成装配概念模型的建模。然后在总体装配关系的约束下,进行零件的概念设计和详细设计。在产品设计的过程中,上一层装配体中确定的装配约束都将成为下一层装配体的设计约束,这种约束关系应与最终模型共同被记录下来,以保证在后续的设计过程和再设计过程中,系统能自动维护这种约束关系,从而保持产品模型的一致性。

这种设计方法可以更好地利用零件之间的关系,大大提高设计效率。自顶向下的装配设计步骤如下:

(1)确定设计要求和任务:确定产品的设计目的、功能、设计任务等方面的内容。

(2)装配的规划:这是造型的关键步骤,主要是设计装配树的结构。这一过程主要包括三方面的内容:

①装配体层次结构的划分,并为每一个子装配体或部件命名。

②全局参数化方案的设计。应设计一个灵活、易于修改的全局参数化方案,便于零部件的多次修改。

③规划零部件的装配约束方法。

(3)设计骨架模型:骨架模型是装配造型中的核心内容,它包括整个装配的重要设计参数,这些参数可以被各个部件引用,以便将设计意图融入整个装配中。

(4)部件设计及装配:获得所需要的设计信息后,可以着手设计具体的部件。部件设计可以在装配中直接进行,也可以装配预先完成的部件。

(5)零件级设计:进行零件的结构设计。

3.8　基于 Pro/E 的装配建模技术

Pro/E 为用户提供了功能强大、高效、易用的装配设计环境。在完成单个零件的特征创建之后,使用零件装配模块可以将多个零件进行安装配合,从而生成复杂的组件或部件。

3.8.1　装配的基本概念和创建过程

零件装配就是将多个零件按照一定的配合关系组合在一起。将零件装配到一起形成组件的过程,也是通过 Pro/E Wildfire 软件指定零件之间约束的过程。通过指定零件之间的约束关系,确定零件之间的相对位置,从而完成零件装配。

在装配过程中,可以检验零件设计是否合理,组成装配的零件之间是否有干涉情况的发生,零件与零件之间的相对位置如何,使用何种关系对位置进行约束。

3.8.1.1　装配的一些概念和术语

(1)父零件和子零件:在装配过程中,已经存在的,或者是首被创建(调入)的零件是父零件,后创建(调入)的零件为子零件。零件装配的过程也是零件之间父子关系形成的过程。

（2）零部件：零部件是装配体中的单独零件或几个零件的组合。

（3）自由度：加入装配体中的零部件在配合或固定前有六个自由度：沿 X、Y、Z 轴的移动和围绕这三个轴的旋转。一个部件在装配体中如何运动由它的自由度决定，使用"固定""配合"命令可限制零件的自由度。

3.8.1.2 创建装配体的过程

通常，创建一个装配体的过程为：

步骤 1：创建新的装配体文件。

在如图 3.14 所示的菜单栏中选择新建文件图标 ，系统弹出新建对话框，如图 3.65 所示。选择类型为"组件"，单击"确定"。

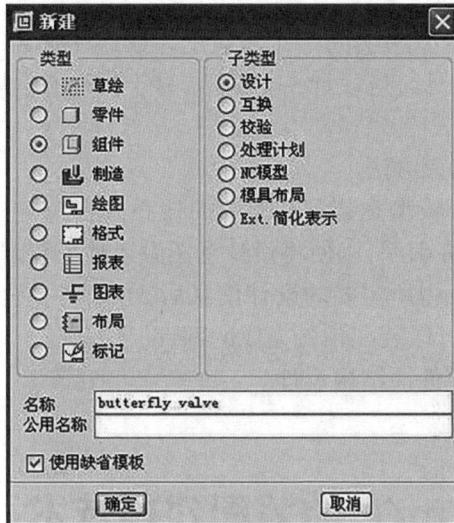

图 3.65 新建对话框

步骤 2：在特征按钮中单击图标 ，弹出打开文件对话框。调入基础零件模型。系统弹出如图 3.66 所示的元件放置对话框，单击"放置"命令上滑面板。在面板中可以通过各种约束关系确定零件的位置。

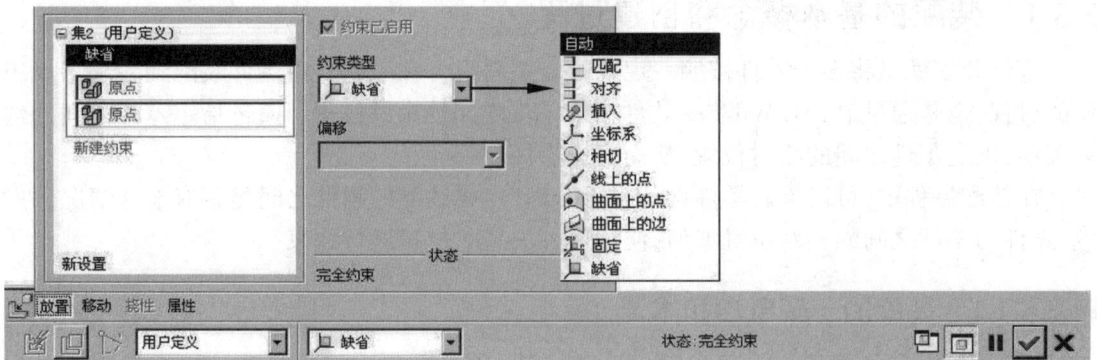

图 3.66 元件放置对话框

步骤3:调入要装配的第二个零件模型,分析两个零件之间的装配约束关系,并选择相应的约束选项装配零件。

步骤4:调入与装配模型有关的其他零件模型进行装配。

3.8.2　装配约束

装配约束是指一个零件模型相对于另一个零件模型的放置方式和偏距。约束类型分为面约束、线约束和点约束等几大类,每种约束限制的自由度不同。装配建模的过程可以看成是对零件的自由度进行限制的过程。如果设定好的约束刚好抵消了零件所有的自由度,称为完全约束;如果还有部分自由度没有限制,零件还有活动余地,称为欠约束;如果约束限制超过了自由度的数量,称为过约束。在过约束的情况下,约束之间可能存在冲突,需要加以消除。

Pro/E 中装配约束的类型包括匹配(Mate)、对齐(Align)、插入(Insert)等。使用装配约束方式将零件模型加入装配体模型中,并形成父子关系后,零件模型的位置会根据其父零件位置的改变而改变。可以随时修改约束中的参数,并与其他的参数建立关系式。

3.8.2.1　匹配(Mate)

使用匹配约束可以使选择的两个零件表面平行,但正法线方向相反(即面对面),常用于两个零件平面的配合操作。结合“偏移”按钮下的偏距(Offset)、定向、重合选项,调节两表面,根据装配具体要求确定两表面应该紧贴还是应该有一定的间距。它的操作对象只能是平表面或基准平面。

在图3.67中,选择两个元件如图3.67(a)所示的表面,进行匹配约束,结果如图3.67(b)所示。

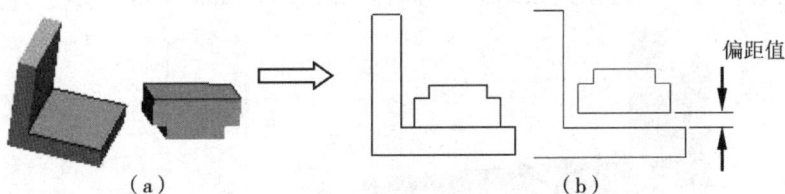

图3.67　匹配约束

3.8.2.2　对齐(Align)

对齐约束可以使选择的两个对象的正法线方向相同(即表面平齐,且朝向相同)。其选择对象可以是模型中的表面、基准平面、轴线或基准点。选择如图3.67(a)所示的两个表面,对齐的结果如图3.68所示。

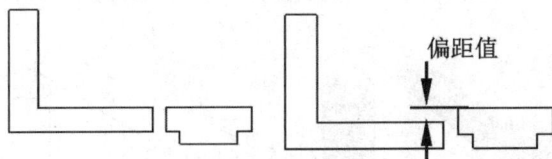

图3.68　对齐约束

使用对齐约束也可以对齐两根轴线,选择两个模型中的轴线作为约束对象,结果如图

3.69 所示。

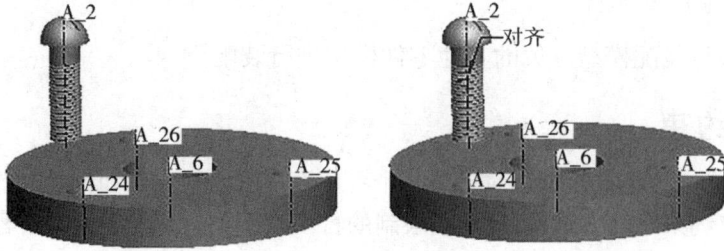

图 3.69　对齐轴线

3.8.2.3　插入（Insert）

插入约束主要用来实现两个旋转曲面之间的配合,使两个轴线同轴,如图 3.70 所示。

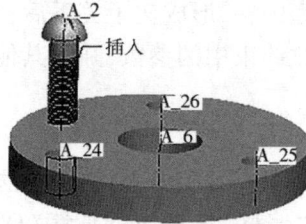

图 3.70　插入约束

3.8.2.4　坐标系（Coord Sys）

使用坐标系约束,可以将装配元件和装配组件的坐标系对齐,即 x、y、z 三个坐标轴及坐标原点分别对齐。使用坐标系约束来进行零件装配的结果如图 3.71 所示。

图 3.71　坐标系约束

3.8.2.5　相切（Tangent）

使用相切约束可以确定两个表面之间的相切关系。相切约束如图 3.72 所示。
所选择的约束对象可以是模型表面或者基准平面,但是其中至少要包含一个曲面。

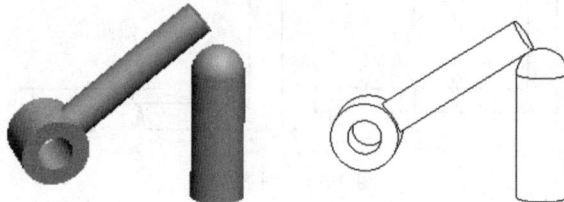

图 3.72　相切约束

🔳 3.8.2.6　线上的点(Pnt on Line)

使用线上的点约束可以将一个点与一条线对齐。线可以是零件或者装配件的边线、轴线或者基准曲线;点可以是零件或者装配件上的顶点或基准点。在选择的过程中,应该首先选择点,然后选取线。使用该约束来进行零件装配的结果如图 3.73 所示。

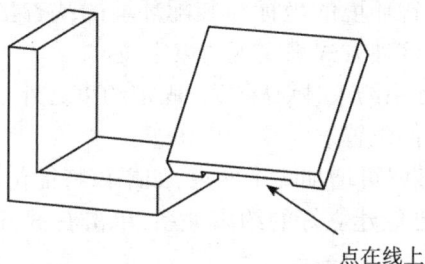

图 3.73　线上的点约束

🔳 3.8.2.7　曲面上的点(Pnt on Srf)

使用曲面上的点约束可以将一个点与一个曲面对齐。曲面可以是零件或者装配件的基准平面、曲面特征或零件的表面;点可以是零件或者装配件上的顶点或基准点。使用该约束来进行零件装配的结果如图 3.74 所示。

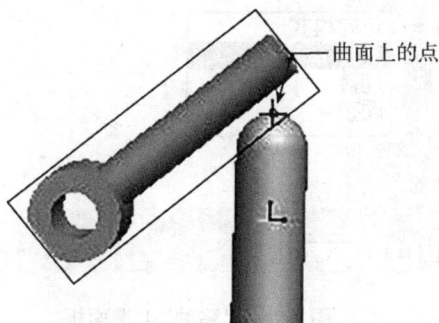

图 3.74　曲面上的点约束

🔳 3.8.2.8　曲面上的边(Edge on Srf)

使用曲面上的边约束可以将一条边与一个曲面对齐。使用该约束来进行零件装配的结果如图 3.75 所示。

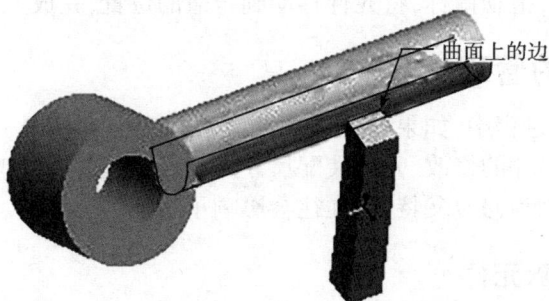

图 3.75　曲面上的边约束

🔹 3.8.2.9　固定

固定约束将装配元件固定在当前的位置。

🔹 3.8.2.10　缺省

缺省约束将装配元件的缺省环境的坐标与装配环境的缺省坐标系对齐,当向装配环境中引入第一个零件时通常采用该种方式来实现约束定位。

所有约束方式中,除了坐标系约束、默认约束、固定约束之外,其他约束在使用时都要相互结合使用才能确定唯一的零件位置。

在图 3.66 中单击"新建约束"可增加一个约束,如果该特征位置已经被固定好,"新建约束"命令变为灰色。选中一个已经建立好的约束关系,单击右键,选择"删除"可以删除当前所选的约束。

3.8.3　装配元件的位置移动

在进行装配约束的过程中,为了能够更加方便地装配,用户需要不停地移动元件的位置,改变其方向,Pro/E 提供了在装配过程中改变元件位置的方法。在图 3.66 中,单击操控栏中的"移动"命令,"移动"上滑面板如图 3.76 所示。

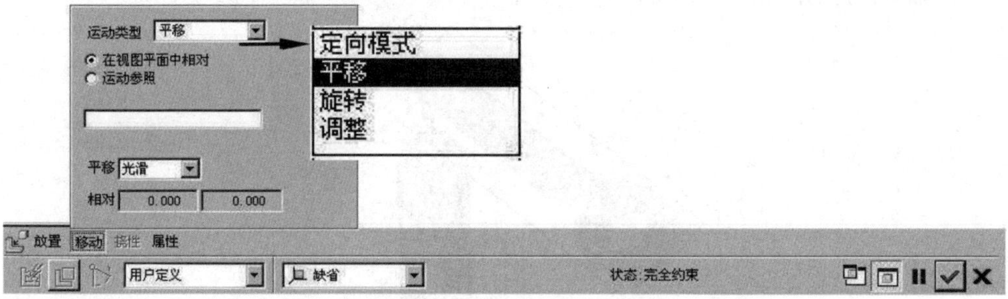

图 3.76　"移动"上滑面板

（1）平移:进行元件的移动。

（2）旋转:旋转装配元件。

（3）调整:捕捉元件的位置来满足装配的要求。

调整元件位置的方法是:在"移动"上滑面板选择要平移或者旋转的元件,然后在图形窗口中左键单击选择元件,拖动鼠标,将元件移动到合适的位置,完成元件位置的改变。

3.8.4　装配模型的管理

在进行装配设计的过程中,如果发现装配或者装配元件有错误,可以进行以下修改:元件的打开与删除、元件尺寸的修改、元件装配尺寸的修改。但是在修改的过程中应该注意装配模型中的父子关系,因为修改父特征,往往会影响子特征。

🔹 3.8.4.1　打开、删除元件

对于元件的基本操作都可以通过模型树或者图形窗口中的快捷菜单完成。

在模型树中选中要修改的元件,单击鼠标右键会弹出快捷菜单,从中选择"打开"或"删除"就可以完成。

3.8.4.2　修改元件尺寸

要修改元件的尺寸,首先要在装配体模型树中显示元件的特征,方法是:在模型树中单击"设置"按钮,在弹出的下拉命令中选择"树过滤器"命令,如图 3.77 所示。

接着系统弹出如图 3.78 所示的模型树项目对话框,在"显示"组合框中选中"特征"选项,单击"确定"。在模型树中单击元件前面的"+",可以显示组成元件的特征。此时可以向修改零件中的特征尺寸一样,修改装配模型中元件的尺寸。

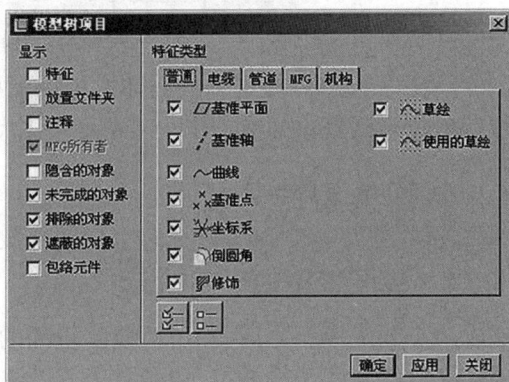

图 3.77　设置模型树　　　　图 3.78　模型树项目对话框

在模型树中选中要修改的特征,单击鼠标右键,在弹出菜单中选择"编辑"命令,图形窗口中显示特征相关的特征尺寸,单击某个尺寸可以修改尺寸值,但是在修改以后必须重新生成装配模型。

在如图 3.14 所示的菜单栏中选择"编辑"→"再生"命令;或者在模型树中用鼠标右键单击要修改的特征,并在弹出的快捷菜单中选择"再生"命令。

3.8.4.3　替换元件

当装配体模型完成之后,若发现某个元件不合适,或者是想要更换元件结构,同时不想改变原有的装配关系(父子关系),则使用替换元件的方法完成元件之间的更换,因此替换元件也叫互换元件。

替换元件的方法是:在如图 3.14 所示的菜单栏中选择"编辑"→"替换"命令,此时系统弹出如图 3.79 所示的替换对话框。

首先在图形窗口选择要被替换的元件,这时替换对话框中的相关命令会被激活,成为可操作的命令;然后选择用来替代当前元件的零件模型,可以使用下面的方法来打开替代元件:

(1)参考模型:使用包含有外部参照的零件来替换当前的装配元件。

(2)布局:通过层来打开替代零件。

(3)复制:通过复制替换零件。

71

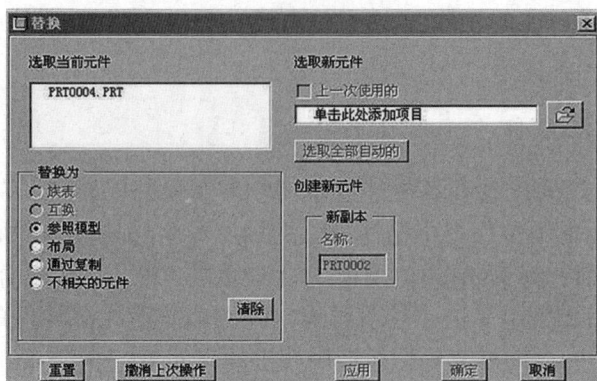

图 3.79　替换对话框

（4）不相关的元件：指定一个具体的零件模型来替换当前的装配元件。

然后单击对话框中的"应用"，完成元件替代。

3.8.5　装配模型的分析

3.8.5.1　装配模型的干涉检查

完成一个装配模型之后，除了可以从全局的角度来对装配体进行分析，还可以检查组成装配的各元件之间的干涉情况，包括是否有干涉发生，干涉量是多少。检查干涉情况的步骤如下：

步骤 1：激活干涉检查命令。在如图 3.14 所示的菜单栏中选择"分析"→"模型分析"→"全局干涉"命令。

单击"干涉检查"命令后，系统弹出全局干涉对话框，如图 3.80 所示。

图 3.80　全局干涉对话框

步骤 2：设置全局干涉对话框。

选择要分析的元件类型、计算方式之后，单击 ［60］，系统在"结果"区域显示干涉分析的结果,包括干涉的零件名称、干涉的体积大小,同时在图形显示窗口将干涉部分用红色加亮显示。如果在装配体中没有干涉情况,则在信息提示行中显示"没有相互干涉的元件"。

3.8.5.2　生成装配动画

随着 3D 软件在产品设计中的推广应用,机械产品的设计和开发不断向 3D 化和虚拟化方向发展。通过虚拟装配的动画制作,可指导装配工艺编制和工人装配,提高产品质量。

动画制作可分为四步:一是定义主体;二是拖动并创建快照;三是创建关键帧序列,关键帧是动画过程中起到重要位置的指示作用的快照;四是运行并回放。

创建装配动画的过程如下:

步骤 1:打开轴和齿轮连接的组件,在如图 3.14 所示的菜单栏中选择"应用程序"→"动画"命令,此时系统进入动画设置窗口。

步骤 2:定义主体,单击 ,单击"每个主体一个零件"按钮后,单击"关闭"按钮,如图3.81 所示。

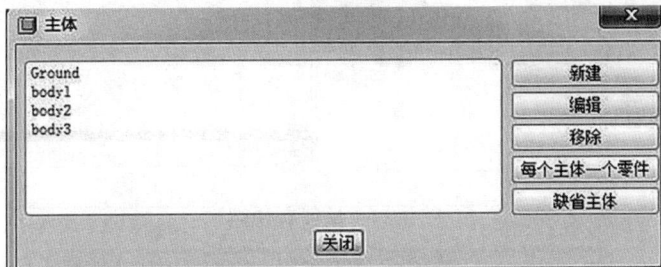

图 3.81　主体对话框

步骤 3:拖动并创建快照。单击 ,单击 ,记下组件的当前位置,如图 3.82 所示。用小手将零件拖到合适的位置,拍照,如图 3.83 所示。同理将所有的元件都拖出来并拍照,如图 3.84 所示。

步骤 4:创建关键帧序列。单击 ,按照装配顺序设置将三个快照设置成关键帧并设置好时间,如图 3.85 所示,单击"确定"。

步骤 5:运行并回放,录制动画。单击 ,弹出如图 3.86 所示的回放面板。通过动画面板可播放动画。单击"捕获",制定视频动画文件。

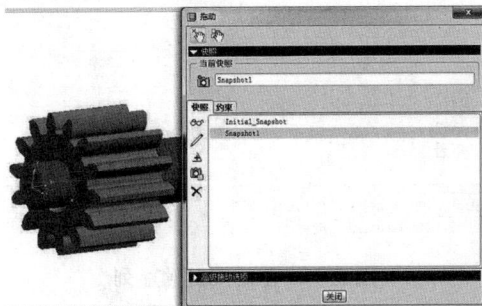

图 3.82　拍组件初始快照

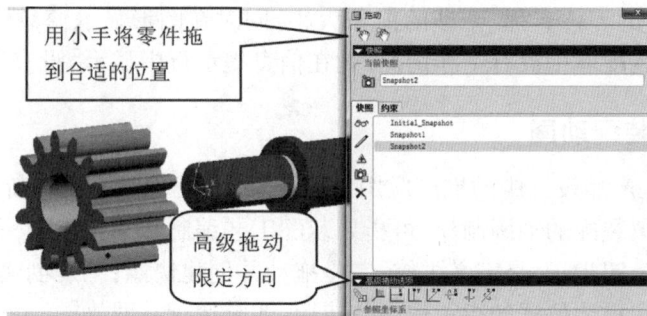

图 3.83　拖动零件拍第二张快照

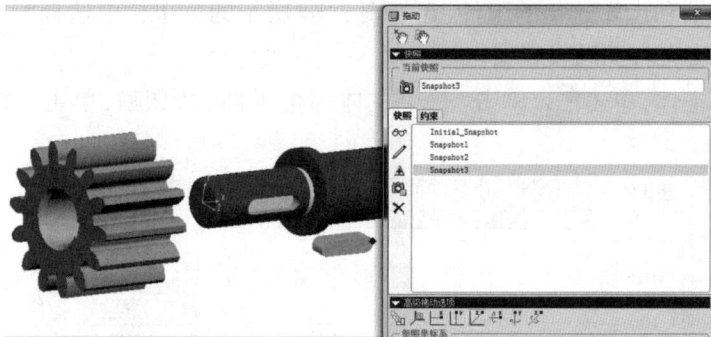

图 3.84　拍所有快照

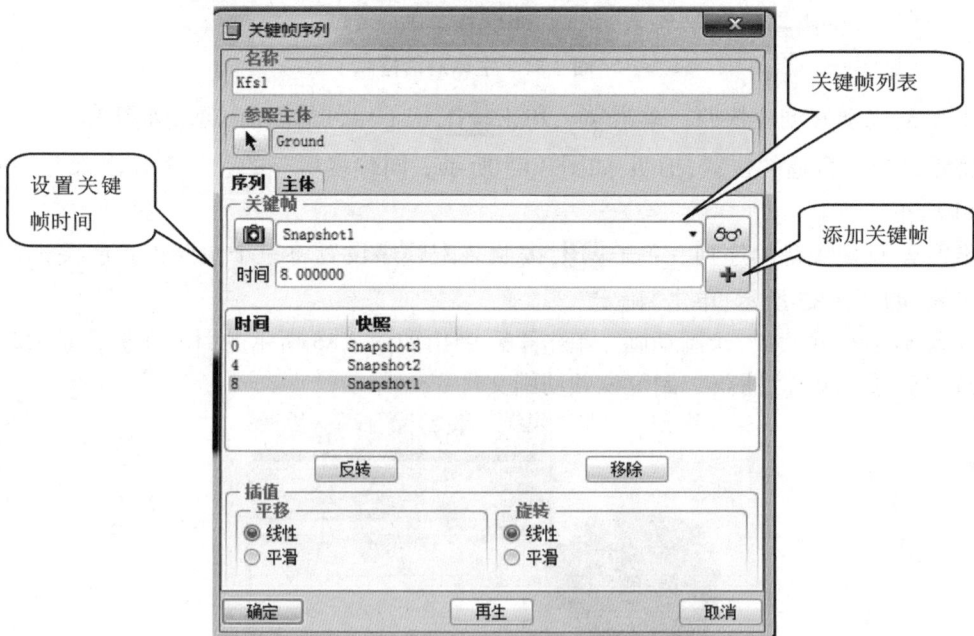

图 3.85　创建关键帧序列

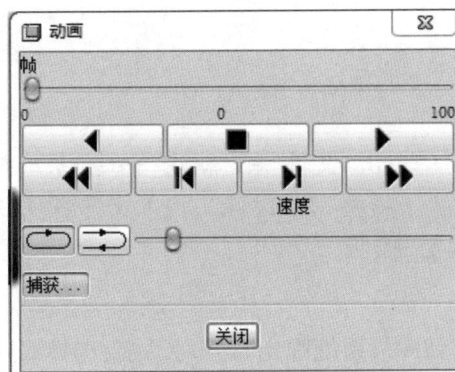

图 3.86 动画设置对话框

3.8.6 自底向上的装配设计实例

自底向上的装配设计方法是装配建模中最基本的方法,这种设计方法的基本流程是:首先设计零件,然后由零件组装装配体,装配体分析验证后制作装配动画或工程图。下面以千斤顶为例说明自底向上的装配设计方法,该装配体结构如图 3.87 所示。

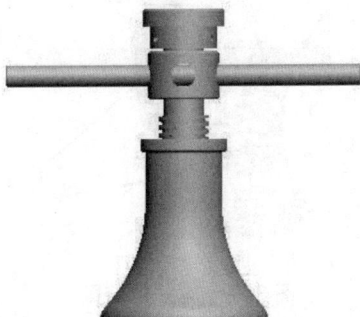

图 3.87 千斤顶装配体结构

3.8.6.1 零件设计

构造装配体中复杂零件的三维模型,并将这些零件保存为零件文件,如底座、顶盖、螺杆、螺钉零件等。简单的止推轴承和钢球可在装配体中完成。

3.8.6.2 装配规划

装配规划是装配设计的核心内容,装配时主要考虑以下问题:

(1)合理地划分和确定装配层次关系;

(2)确定部件的装配顺序及约束方法。

本例中千斤顶装配体层次比较简单,分为两层即可,装配顺序为:底座→螺杆→止推轴承→钢球→顶盖→紧定螺钉→杆。

🧊 3.8.6.3　装配操作

（1）建立新文件

在如图 3.14 所示的菜单栏中单击"文件"→"新建"命令，系统弹出新建对话框。在"类型"组合框中选择"装配"，设置"子类型"为"设计"，输入文件名"QIANJINDING_ASM"，使用缺省模板，单击对话框中的"确定"按钮。

（2）调入底座零件

单击特征按钮中的图标按钮 🔧，系统弹出打开对话框，选择底座文件，单击"确定"。

在如图 3.14 所示的操控栏中单击"放置"，并在"约束类型"中选择"缺省"，使用缺省的方式固定底座在装配体中的位置。

（3）调入并装配螺杆零件

使用和（2）中相同的方法打开螺杆文件。单击操控栏中的"移动"命令，移动螺杆位置，使得装配体中底座及螺杆的相对位置如图 3.88 所示。

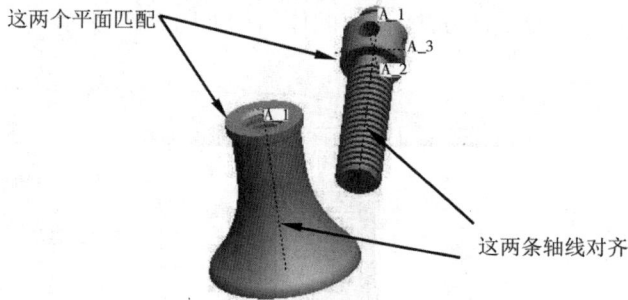

图 3.88　螺杆的装配

使用以下约束来固定螺杆的位置：

①第一个约束为对齐

在如图 3.14 所示的操控栏中单击"放置"，并在"约束类型"中选择"对齐"，然后分别选择图 3.88 中所示的两条轴线。

②第二个约束为匹配

在操控栏中单击"放置"，并在"约束类型"中选择"匹配"，然后分别选择图 3.88 中所示的两个匹配平面。

将"偏移"选项设置为"偏距"，并在右侧文本框中输入偏距值 40。

单击"放置"，完成位置约束。

螺杆装配完成后的装配体如图 3.89 所示。

（4）创建止推轴承零件

①在装配体中创建新元件

单击特征按钮（装配体模块界面，与图 3.14 略有区别）中的

图 3.89　加入螺杆的装配体

图形按钮![icon],在弹出的创建元件对话框中选择"类型"为"零件","子类型"为"实体",输入文件名"BEAR",单击"确定"按钮。

在弹出的创建选项对话框中选择"创建方法"为"空",单击"确定"按钮。

②创建零件模型

此时在装配体模型树中增加了 BEAR.PRT 零件,用鼠标右键单击该零件,在弹出菜单中选择"打开"命令,系统自动进入零件模块,进行零件建模。

单击如图 3.14 所示的特征按钮中的图形按钮![icon],并使用草绘工具绘制如图 3.90 所示的截面图形,单击![icon]。

设置旋转角度 360,单击"确定"。

单击特征按钮(装配体模块界面)中的图形按钮![icon],选择止推轴承的下面圆周为边界进行倒角。倒角的距离值为 2,完成后的止推轴承如图 3.91 所示。

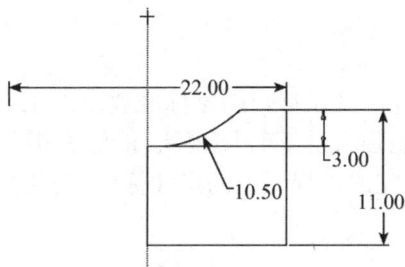

图 3.90　止推轴承截面图形(单位:mm)　　图 3.91　止推轴承

(5)装配止推轴承

单击如图 3.14 所示的菜单栏中的"窗口"命令,在下拉菜单中选择"QIANJINDING_ASM.ASM",将图形窗口切换到装配体的显示中。

在装配体模型树中用鼠标右键单击"BEAR.PRT",并在弹出菜单中选择"编辑定义"命令,进行止推轴承的装配。

如果此时在图形窗口中没有发现止推轴承,可以使用操控栏中的"移动"命令,打开"移动"上滑面板移动元件,将止推轴承移动到底座和螺杆的外侧。

如图 3.92 所示,使用对齐、匹配两种方法来装配止推轴承。

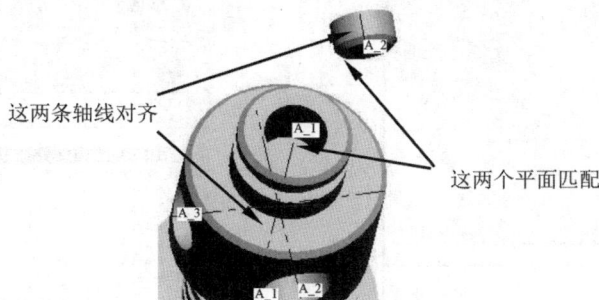

图 3.92　装配止推轴承

(6)装配千斤顶

创建并装配球零件,然后调入并装配顶盖、螺钉和转动杆,完成千斤顶的装配,如图

3.87 所示。

3.8.6.4 装配模型的管理与修改

利用装配体的特征管理器可对装配体的要素和元件进行管理和修改,如调整零部件的存在状态和配合关系等。

3.8.6.5 装配分析

完成模型的总体装配后可进行装配模型的干涉检查及零部件的物理特性分析,及时发现装配过程中出现的问题以便对装配模型进行修改。

3.8.6.6 创建装配动画

装配分析正确后,为了更加清楚地表达装配顺序,可参照前面的介绍创建千斤顶的装配动画。

3.8.7 创建工程图

工程图是进行产品设计的最终技术文件。制作符合国家标准要求的工程图是设计师必须完成的任务之一。Pro/E 软件提供了功能强大的工程图模块,能够根据创建好的零件模型或装配模型生成对应的工程图,并且可以完成工程图上的尺寸标注、公差标注、文本注释。

3.8.7.1 创建工程图

创建工程图文件的过程为:在如图 3.14 所示的菜单栏中选择"文件"→"新建"命令,或者直接单击工具栏上的，新建一个文件。此时系统弹出如图 3.93 所示的新建对话框。在新建对话框中选择"类型"为"绘图",并输入工程图名称,确定是否使用缺省模板,最后单击"确定"按钮。

单击"确定"按钮后,系统弹出如图 3.94 所示的新制图对话框,对工程图的零件(装配)模型、是否使用模板等内容进行进一步的设置。

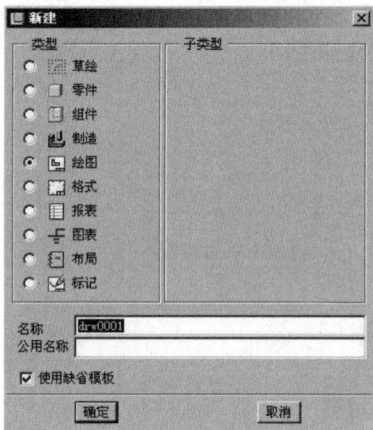

图 3.93 新建对话框   图 3.94 新制图对话框

缺省模型(Default Model):指要制作工程图的零件模型。

使用模板(Use Template):使用系统原有的模板作为工程图的模板。此时新制图对话框如图 3.94 所示,系统列出可以使用的所有工程图模板文件,可根据要求选择适合的模板文件。单击"确定"进入工程图绘制。

格式为空(Empty with Format):创建工程图时不使用默认模板但是使用默认的图纸格式。此时的新制图对话框如图 3.95 所示。单击"格式"组框中的"浏览"按钮可以浏览选择系统中存在的工程图图纸格式。之后单击"确定"进入工程图绘制界面。

空(Empty):不使用缺省模板或者图纸格式,而是根据零件模型确定图纸的大小及方向。此时的新制图对话框如图 3.96 所示。

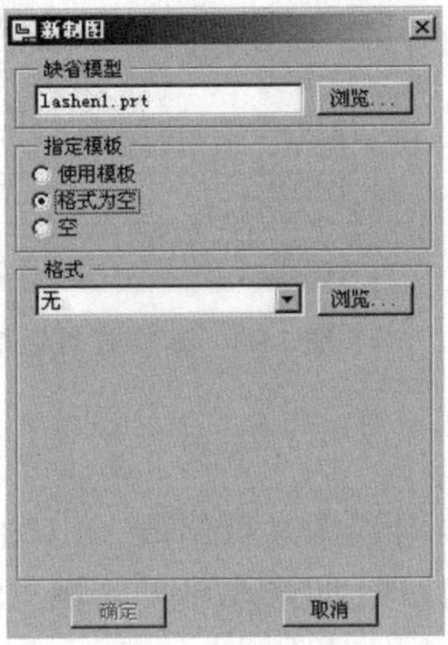

图 3.95　选取图纸格式 　　　　图 3.96　自定义图纸

3.8.7.2　工程图模板的修改和格式设置

由于模板文件的设置不能满足不同设计者的要求,Pro/E 允许设计者修改工程图的设置文件 pro.dtl,如尺寸高度、文字方向、文字字形、几何公差标准、投影方向、尺寸标注格式等。Pro/E 默认的投影方式为第三角投影,而我国的国家标准为第一角投影,因此必须在设置文件中对该选项值进行更改。

此外,也可以利用 Pro/E 的工程图格式,建立符合我国的国家标准的包括图框、标题栏等要素的图纸格式。工程图格式有单独的设置文件 format.dtl,此文件独立于 pro.dtl。创建工程图格式的一般过程如下:

(1)在如图 3.14 所示的菜单栏中选择"文件"→"新建"命令,或者直接单击工具栏中的图标按钮,系统弹出新建对话框。注意在新建对话框中文件的"类型"一定要选择"格式",如图 3.97 所示。输入名称"frm0001",单击"确定"按钮。

(2)系统接着弹出如图 3.98 所示的新格式对话框,该对话框的设置与工程图创建过程中的新制图相似。选择"指定模板"为"空",并确定图纸大小,单击"确定"按钮。

(3)进入工程图格式文件后,使用"草绘"绘图命令,或者直接单击特征按钮工具,修改并绘制内、外边框以及标题栏等。

（4）修改工程图格式的设置文件。在如图 3.14 所示的菜单栏中单击"文件"下的"属性"命令，系统弹出格式设置文件对话框，该对话框与工程图设置对话框相似。其修改及保存的方法相同，可以参考工程图的设置方法进行参数设置。

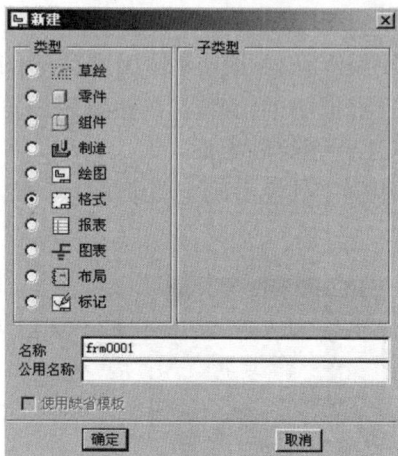

图 3.97　新建工程图格式文件

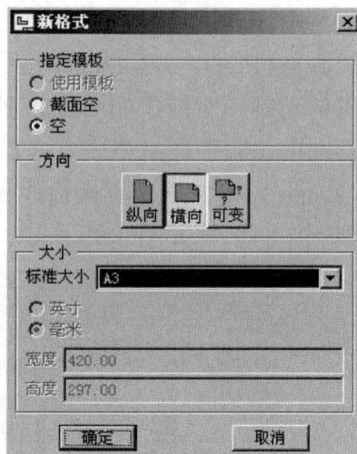

图 3.98　新格式对话框

3.8.7.3　视图的修改

使用缺省模式绘制出零件模型的三视图，如果需要对视图进行修改，可双击视图，弹出如图 3.99 所示的绘图视图对话框，并对图形显示进行修改，如修改可见区域、比例、剖面和视图显示等。图 3.100 为圆盘零件图，主视图选择绘制视图对话框中的剖面，设置剖切种类和剖切面的位置后，可采用剖视表达。Pro/E 不但可以将三维模型转化为二维工程图，还可以进行尺寸标注，这方面的具体操作可以参考相关书籍。

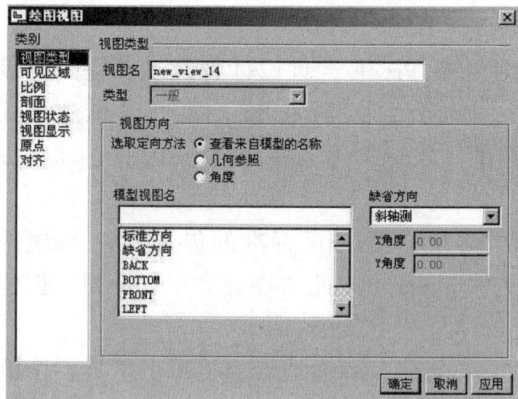

图 3.99　绘图视图对话框

图 3.100　圆盘零件图（单位：inch）

📖 思考与练习题

1. 什么是几何造型？分析几何造型的方法及其特点。
2. 三维几何实体造型的方法有哪些？

3. 以回转体零件为例,说明特征建模的基本思想。

4. 举例说明如何创建 Pro/E 的基准特征。

5. 完整的装配模型包含哪些信息?

6. Pro/E 中的装配约束包含哪些?

7. 如何在 Pro/E 中创建装配动画?

8. 掌握 Pro/E 的特征创建命令,完成如图 3.101 所示零件三维模型的创建。

（a）支架

（b）千斤顶底座

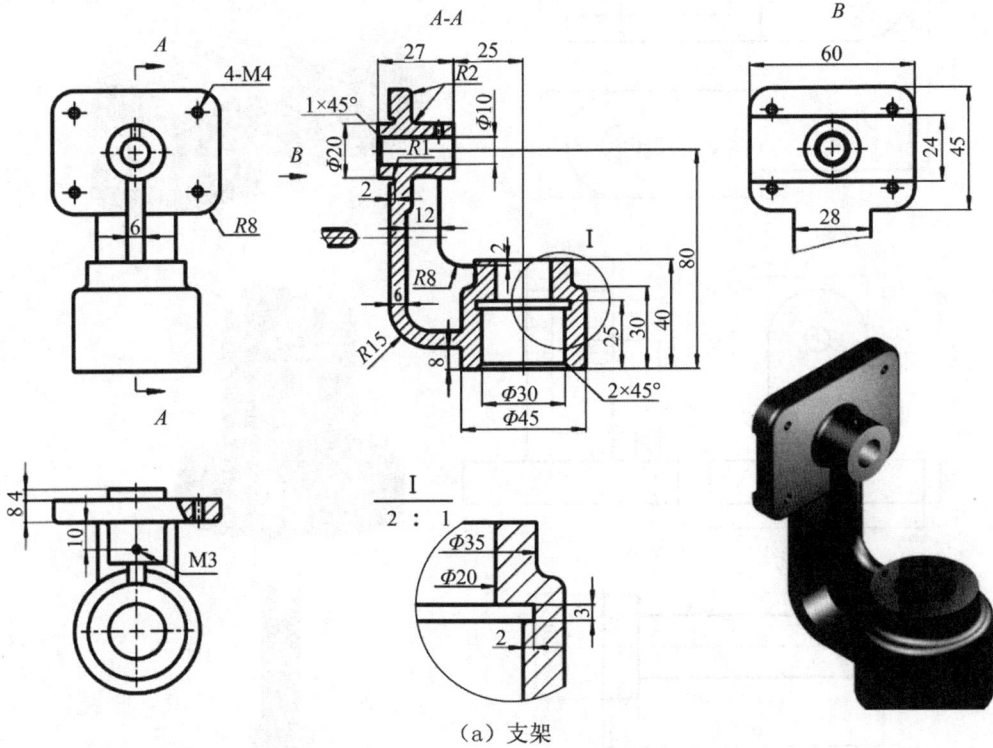

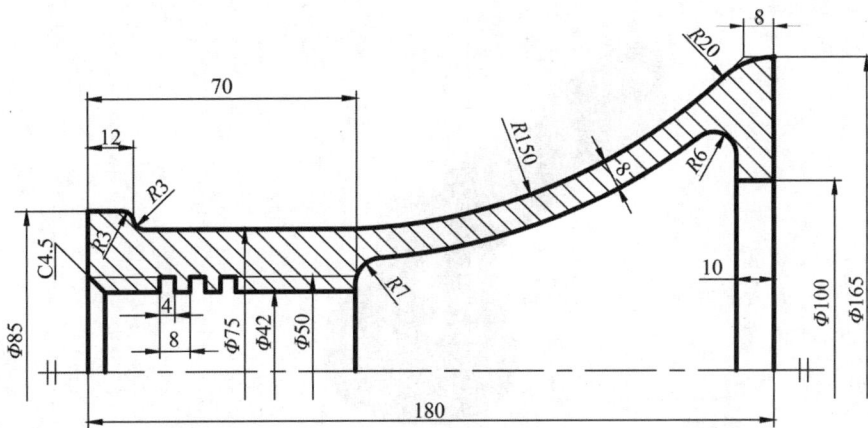

图 3.101　建立零件三维模型(单位:mm)

9. 掌握 Pro/E 的装配建模,将下面三个零件装配成如图 3.102 所示的装配体,并进行干涉检查及确定重心位置。

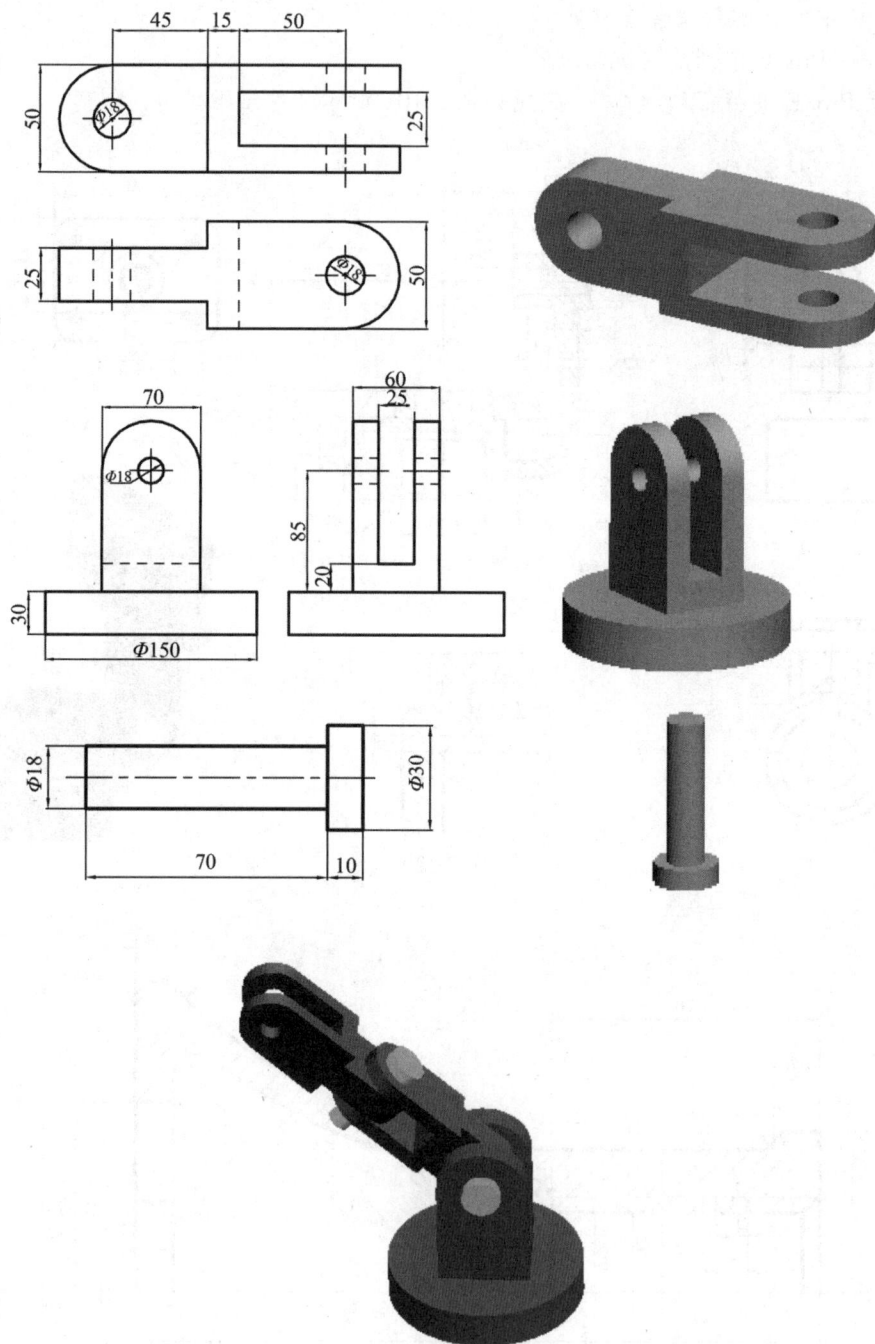

图 3.102 建立装配体(单位:mm)

10. 掌握 Pro/E 的装配建模,将如图 3.103 所示零件装配成车轮组件,并制作装配动画。

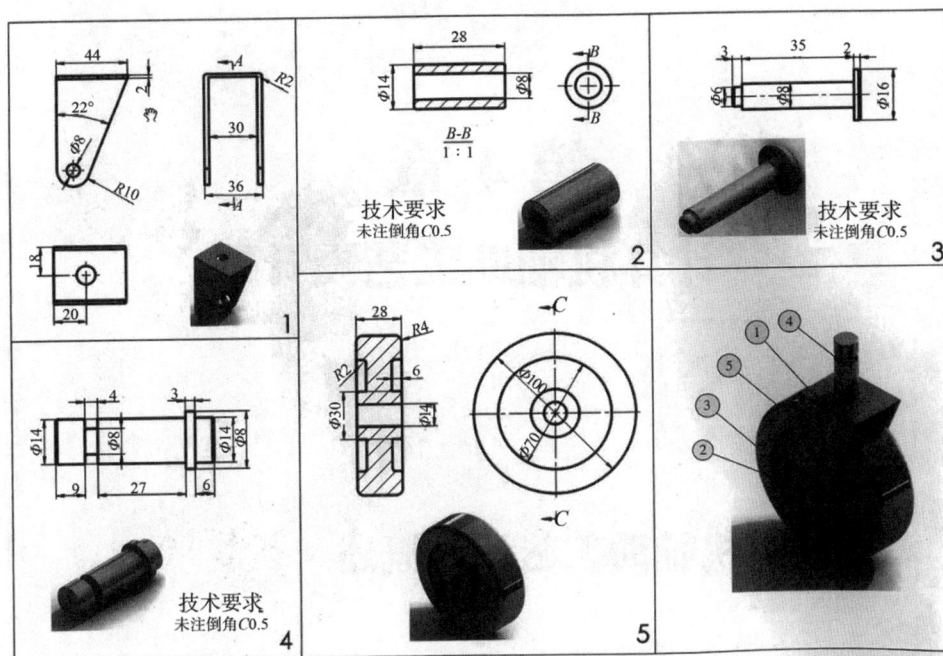

图 3.103　零件模型及装配体(单位:mm)

第4章
计算机辅助工艺设计

4.1 计算机辅助工艺设计概述

4.1.1 工艺设计的任务和内容

工艺设计的主要任务是为设计好的零件选择合理的加工方法和加工顺序,以便能按设计要求生产出合格的产品。它是产品设计与生产之间的纽带,工艺设计生成的文件和相关数据是产品加工、装配、生产管理和运行控制的依据,也是数控编程的基础。因此,工艺设计对组织生产、保证产品质量、提高生产率、降低成本、缩短生产周期及改善劳动条件都有直接的影响。

工艺设计的核心内容是选择加工方法和安排合理的加工顺序。常用的工艺文件有两种:机械加工工艺过程卡和数控加工工序卡,分别如图 4.1、图 4.2 所示。数控加工工序卡为机械加工工艺过程卡的每一道工序制定详细的工序要求。在单件小批量生产中,通常不编制其他较详细的工艺文件,就以机械加工工艺过程卡指导生产。大批量生产的零件需要编制数控加工工序卡。

当前,机械产品市场以多品种、小批量生产为主导,传统的手工工艺设计方法内容繁杂,已不能适应现代制造业发展的要求,主要表现为:传统的手工工艺设计要求工艺人员具有丰富的生产经验,而依据生产经验制定的工艺规程一致性差,质量不稳定;劳动强度大,效率低,存在大量的、烦琐的重复性工作;设计周期长,不能适应市场瞬息多变的需求;不利于对工艺设计文件的统一管理和维护;不利于将工艺专家的经验和知识集中利用,继承性差。计算机辅助工艺设计(CAPP)应运而生。

机械加工工艺过程卡		产品型号			零(部件图号)				共一页
		产品名称			零(部)件名称		阶梯轴		第一页
材料牌号	45#	毛坯种类	棒料	毛坯外形尺寸	Φ57×90	毛坯件数	1	每台件数 1 备注	

工序号	工序名称	工序内容	车间	工段	加工设备	工艺装备			工时(min)
						夹具名称及型号	刀具名称及型号	量具与检测	
10	车	夹毛坯外圆一端： ①车端面 ②钻中心孔 调头，夹毛坯外圆另一端： ③车另一端面 ④钻中心孔	1	1	CA6140	三爪卡盘	外圆车刀中心钻	游标卡尺0-150	7
20	车	以两端中心孔定位： ①车大外圆 ②倒角 调头，以两端中心孔定位： ③粗车小外圆(走刀三次) ④精车小外圆 ⑤车台阶面 ⑥切槽 ⑦倒角	1	1	CA6140	三爪卡盘	外圆车刀	游标卡尺0-150	9
30	铣	①粗铣键槽 ②精铣键槽 ③去毛刺 ④终检	1	2	X62	铣床通用夹具	键槽铣刀	游标卡尺0-150	6
						编制(日期)	审核(日期)	会签(日期)	
标记	处数	更改文件号	签字	日期					

图 4.1　机械加工工艺过程卡

********机械厂		数控加工工序卡	产品名称或代号		零件名称	零件图号
			*******		曲面轴	******
工艺序号	程序编号	夹具名称	夹具编号		使用设备	车间
********	P*****	三爪卡盘	******		数控设备	******

工序号	工序内容	加工面	刀具号	刀具规格	主轴转速(r/min)	进给速度(min/r)	背吃刀量(mm)	备注
1	零件两端打B型中心孔		T0	中心钻B2.5	475	120		
2	粗车加工零件右端外形轨迹		T1	$Kr=90°$	475	120		粗车
3	粗车加工零件左端外形轨迹		T1		475	120		粗车
4	精车,研磨B型中心孔		T0	中心钻B2.5	475	60		
5	精车加工零件左端轨迹		T1 T2	$Kr=90°$	750	80	$T=0.4$	精车
6	精车加工零件右端轨迹		T1	$Kr=90°$	750	80	$T=0.4$	精车
7	车削加工零件右端螺纹		T3		750	80		

图 4.2　数控加工工序卡

4.1.2　CAPP 的概念和种类

CAPP 是指依据零件的几何信息、工艺信息、加工条件、加工技术要求和工时定额等产品设计信息和资源条件,利用计算机的数值计算、逻辑判断和推理等功能输出经过优化的工艺路线、工序内容和管理信息等工艺文件。

CAPP 是工艺师在计算机辅助下将产品的设计信息与可能的加工信息进行匹配与优化,完成零件从毛坯到成品的设计和制造过程的技术,是连接 CAD 与 CAM 的桥梁,CAPP 系统能够从 CAD 模型中提取零件信息,进行工艺规划,生成有关工艺文件,并以工艺设计结果和零件信息为依据,经过适当的后置处理,生成 NC 程序,从而实现 CAD/CAPP/CAM 的集成。

CAPP 的通用性研究与开发始于 20 世纪 60 年代末,其标志是挪威推出世界上第一个 CAPP 系统 AUTOPROS。其后,挪威又正式推出商品化 AUTOPROS 系统。经过几十年的发展,先后出现了不同类型的 CAPP 系统,主要有检索式 CAPP 系统、派生式 CAPP 系统、创成式 CAPP 系统和专家 CAPP 系统四种基本类型。

检索式 CAPP 系统适用于大批量、工件种类少、零件变化不大的加工模式,将各类零件的工艺规程输入计算机,对已建立的工艺规程进行管理。如果需要编制新的零件工艺规程,可将同类零件工艺规程调出并进行修改。它是最简单的 CAPP 系统。

派生式 CAPP 系统是建立在成组技术基础上的,将特征相似的零件归类成族,对每一零件族中所有零件结构特征进行归并,设计一个"主样件",建立"主样件"的标准工艺规程并存储。在工艺设计时,根据零件的成组编码检索所属零件族,调用该零件族的标准工艺文件,经编辑、增删、修改,得到满足要求的零件加工工艺规程。派生式 CAPP 系统具有结构简单、容易建立、便于维护和使用、功能可靠、技术成熟等优点,所以目前应用较广泛,大多数实用型 CAPP 系统属于这种类型。

创成式 CAPP 系统是根据零件的结构特点和工艺要求,依据系统自身的工艺数据库和决策逻辑,在没有人工干预的条件下,自动创成新零件的加工工艺规程,是一种智能的工艺设计系统。创成式 CAPP 系统自动化程度高,具有较高的柔性,便于计算机辅助设计和计算机辅助制造系统的集成,是一种比较理想而有前途的工艺设计系统。然而,由于工艺决策过程经验性强、影响因素多,到目前为止这类 CAPP 系统还只能从事一些简单的、特定环境下的零件工艺设计。

专家 CAPP 系统是比创成式 CAPP 系统层次更高的从事工艺设计的智能软件系统,是一种基于知识推理、自动决策的 CAPP 系统,具有较强的知识获取、知识管理和自学习能力,是 CAPP 技术一个重要的发展方向。

4.1.3　CAPP 系统的组成

CAPP 系统的组成因开发环境、产品对象及规模大小而不同,但其基本组成是相同的,一般包括以下几部分:

(1)人机交互控制模块

该模块是用户的工作平台,用来协调和控制各模块的运行,通过人机交互窗口,实现人机之间的信息交流。

(2)零件信息输入模块

零件信息是系统进行工艺设计的对象和依据,系统内部必须有对零件信息进行描述的专门数据结构,并建立相应的输入模块来完成零件信息的描述和输入。

输入零件信息是进行 CAPP 工作的第一步,零件信息包括几何信息和工艺信息。零件的几何信息是指零件的几何形状和尺寸,如表面形状、表面间的相互位置、尺寸及公差等;零件的工艺信息包括毛坯特征、零件材料、加工精度、表面粗糙度、热处理、表面处理等技术要求。此外,还需要输入零件的件数、生产批量等生产管理信息。

（3）工艺过程设计模块

该模块主要进行加工工艺流程的选择和优化，生成机械加工工艺过程卡，供加工及生产管理部门使用。

（4）工序设计模块

该模块确定各工序的工步，选定加工设备、定位安装方式、夹具、量具等，确定加工余量和工艺参数，计算切削用量和工时定额等内容。

（5）工艺文件管理与输出模块

该模块管理和维护系统内的工艺文件。输出部分包括工艺文件的格式化显示、存盘、打印等，有的系统还允许用户自定义输出格式。

（6）制造资源数据库

制造资源数据库用于存放企业或车间的加工设备、工装工具等制造资源的相关信息。

（7）工艺知识数据库

工艺知识数据库用于存放产品制造工艺规则、工艺标准、工艺数据手册、工艺信息处理的相关算法和工具等。

（8）典型案例库

典型案例库用于存放各零件族典型零件的工艺流程图、工序卡、工步卡、加工参数等数据，供系统参考使用。

（9）制造工艺数据库

制造工艺数据库用于存放由 CAPP 系统生成的产品制造工艺信息，供输出工艺文件、数控加工编程和生产管理与运行控制系统使用。

实际系统的设计开发可以根据具体要求和条件的不同，对其结构和组成进行相应的调整。

4.2　零件信息和计算机辅助工艺设计的步骤

4.2.1　零件信息的内容和描述方法

采用计算机辅助工艺系统进行工艺设计的第一步，就是将零件的信息输入系统，输入的信息不仅包括几何信息，还包括工艺信息。

不同的 CAPP 系统需要不同的零件信息描述方法。目前常用的零件信息描述方法包括零件分类编码法、零件特征描述法、零件表面描述法、知识表示描述法等。

4.2.1.1　零件分类编码法

零件分类编码法基于成组技术原理，采用有序排列的字符数字描述零件的信息。这种方法简单,但对零件的结构形状、尺寸、加工精度要求等信息描述得不详细。当增加零件分类编码法中的码位时,可以增加信息量,但容易降低编码效率。这种方法一般用在检索式 CAPP 系统和派生式 CAPP 系统中。

🔷 4.2.1.2　零件特征描述法

零件的信息可以视为由不同的基本特征构成,如形状特征、材料特征、精度特征等。将这些特征按照系统的要求顺序输入计算机,就可以获得所需要的零件特征信息。计算机根据零件的各项特征信息在工艺知识库和数据库中寻找对应的加工方法和工艺规则进行决策,最后制定出零件的加工工艺。零件特征描述法在创成式 CAPP 系统中得到较多应用。

🔷 4.2.1.3　零件表面描述法

在零件表面描述法中,零件被看成由若干表面组成,通过描述构成零件的各个表面,实现零件的几何信息和工艺信息的描述。不同的表面采用不同的参数描述,也就对应上了不同表面的加工方法和工艺要求。例如,外圆柱面可以采用车削加工,精度高时还需要采用磨削加工;内圆柱面可以采用钻孔、镗孔等方法加工。

🔷 4.2.1.4　知识表示描述法

知识表示描述法是指将零件的信息用人工智能的知识表示法来描述的方法,例如,采用人工智能的框架表示法、谓词逻辑表示法、产生式规则法等知识表示法来描述零件信息。

上述各零件信息描述方法都存在一定的局限性,对于 CAPP 系统中零件信息的描述和输入,最佳的方法是将 CAD/CAPP/CAM 集成,实现各系统之间数据、信息的无缝连接,建立一个能够满足产品生命周期中各阶段数据、信息需求和传递的产品模型。这也是当今需要深入研究的内容。

4.2.2　计算机辅助工艺设计的步骤

图 4.3 是 CAPP 系统的工作过程与步骤,分为零件信息输入、毛坯信息生成、工艺路线和工序内容拟定、加工设备和工艺装备确定、工艺参数计算、工艺方案确定和工艺文件输出等阶段。

🔷 4.2.2.1　零件信息输入

零件信息输入是进行 CAPP 工作的第一步,零件信息描述得是否准确、科学和完整将直接影响所设计的工艺过程的质量和效率。因此,零件信息描述的方法应合理选用前文所介绍的方法,做到能完整描述零件信息,易于被计算机接受和处理,工作效率高,便于操作人员运用。

🔷 4.2.2.2　工艺路线和工序内容拟定

该项工作的主要内容包括:定位和夹紧方案的选择,加工方法的选择和加工顺序的安排等。通常,先考虑定位和夹紧方案,再选择加工方法,最后进行加工顺序的安排。这是 CAPP

的关键工作。

4.2.2.3　加工设备和工艺装备确定

根据所拟定的零件工艺过程,从制造资源数据库中寻找各工序所需要的加工设备、夹具、刀具及辅助工具等。如果是专用的,则应提出设计任务书,交有关部门安排研制。

4.2.2.4　工艺参数计算

工艺参数主要包括切削用量、加工余量、时间定额、工序尺寸及其公差等。工艺参数计算时系统需采用工艺知识数据库提供的数据支持,最终可生成零件的毛坯图。

4.2.2.5　工艺文件输出

工艺文件输出一般按工厂的要求,使用表格输出,在工序卡中应该有工序简图。工序简图可以是局部图,只要能表示出该工序所加工的部位即可。

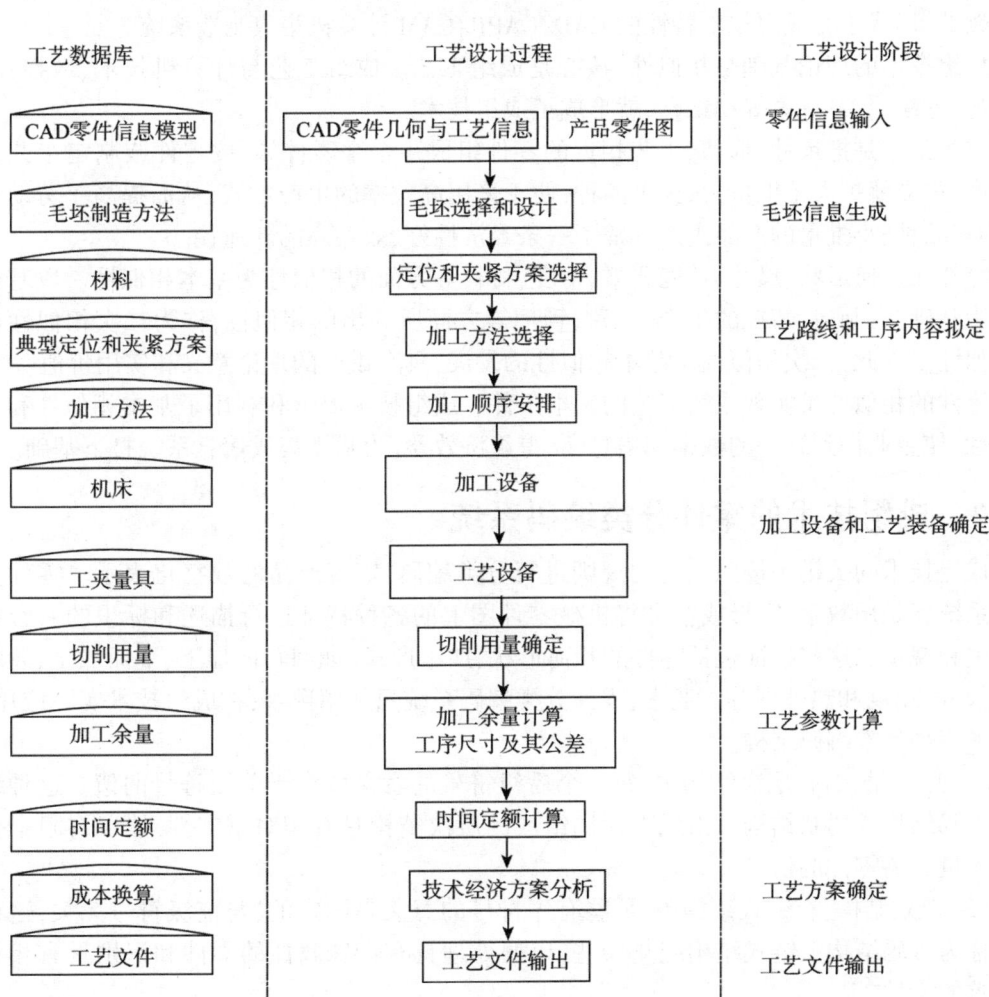

图 4.3　CAPP 系统的工作过程与步骤

4.3 派生式 CAPP 系统

本节先介绍成组技术的概念及零件分类编码系统,然后讲述派生式 CAPP 系统的工作原理和特点。

4.3.1 成组技术的概述

成组技术(Group Technology)是派生式 CAPP 系统的基础。成组加工在 20 世纪 50 年代出现,到 60 年代发展为成组工艺并出现了成组生产单元和成组加工流水线,其范围从单纯的机械加工扩展到整个产品的制造过程。20 世纪 70 年代以后,成组工艺与计算机技术和数控技术结合,以成组技术为基础的柔性制造系统被运用到产品设计、制造工艺、生产管理等诸多领域,形成了有成组技术特性的 CAD/CAPP/CAM 计算机集成制造系统。

成组技术的理论基础是相似性,核心是成组工艺。成组工艺与计算机技术、数控技术、相似论、方法论、系统论等相结合,就形成了成组技术。

成组工艺是把尺寸、形状、工艺相近的零件组成一个个零件族,按零件族制定工艺并进行生产,这样就扩大了批量,减少了品种,便于采用高效率的生产方式,从而提高了劳动生产率,为多品种、小批量的产品生产开辟了一条经济性好、效益高的新途径。

零件在几何形状、尺寸、功能要素、精度、材料等方面的相似性为基本相似性。以基本相似性为基础,在制造、装配的生产、经营、管理等方面所导出的相似性,称为二次相似性或派生相似性。因此,二次相似性是基本相似性的发展,具有重要的理论意义和实用价值。

零件的相似性是实现成组工艺的基本条件。成组技术揭示和利用了基本相似性和二次相似性,使企业得到统一的数据和信息,获得经济效益,为建立集成信息系统打下基础。

4.3.2 成组技术的零件分类编码系统

成组技术的关键是按照一定的规则进行分类编码,实现产品的数字化表示。零件分类编码系统就是用数字、字母或符号将机械零件图上的各种特征进行描述和标识的一套特定的法则和规定。这些特征包括零件的几何形状、加工形式(如回转面加工、平面加工、轮齿加工)、尺寸、精度和热处理等。通常,零件分类编码系统只使用数字,在成组技术实际应用中,有以下三种基本编码结构。

(1)层次结构:在层次结构中,每一个后级符号的意义取决于前级符号的值。这种结构称为单码结构或树状结构。由层次代码组成的层次结构具有相对密实性,能以有限个位数传递大量有关零件的信息。

(2)链式结构:在链式结构中,那些有序符号的意义是固定的,与前级符号无关,这种结构亦称为多码结构。链式结构应复杂些,以便处理具有特殊属性的零件和识别具有相似工艺要求的零件。

(3)混合结构:大多数商业零件编码系统是由上述两种编码结构组合而成的,形成混合结构。混合结构具有单码结构和多码结构的优点。典型的混合结构由一些较小的多码结构构成,这些结构链中的数字是独立的。混合结构能很好地满足设计和制造的需要。

从 20 世纪 50 年代出现成组加工时起,零件分类编码系统的开发和研究便受到许多国家和企业的重视,经过几十年的发展,目前,国内外已有 100 多种编码系统在企业中使用,下面介绍其中应用较广泛的 Opitz 系统和我国开发的 JLBM-1 系统。

◆ 4.3.2.1　Opitz 系统

德国的 Opitz 系统是业界最著名的系统,在成组技术领域起着开创性作用,世界上许多编码系统是在 Opitz 系统的基础上发展起来的。Opitz 系统使用下列数字序列:

$$1\ 2\ 3\ 4\ 5\ 6\ 7\ 8\ 9\ A\ B\ C\ D$$

该方法采用的前 9 个码位中,第 1~第 5 位码用于描述零件的形状,称为形状码,其中第 1 位码为零件名称类别码,分为回转体和非回转体,第 2~第 5 位码是对形状的细分;第 6~第 9 位码用于描述零件的尺寸、材料、毛坯和精度,称为辅助码。最后 4 位码 A、B、C、D 用于识别生产操作类型和顺序,称为增补码。编码的作用是使零件的各有关特征字符化、明朗化,为成组技术的相似性分析和处理提供必要条件。其基本结构如图 4.4 所示。

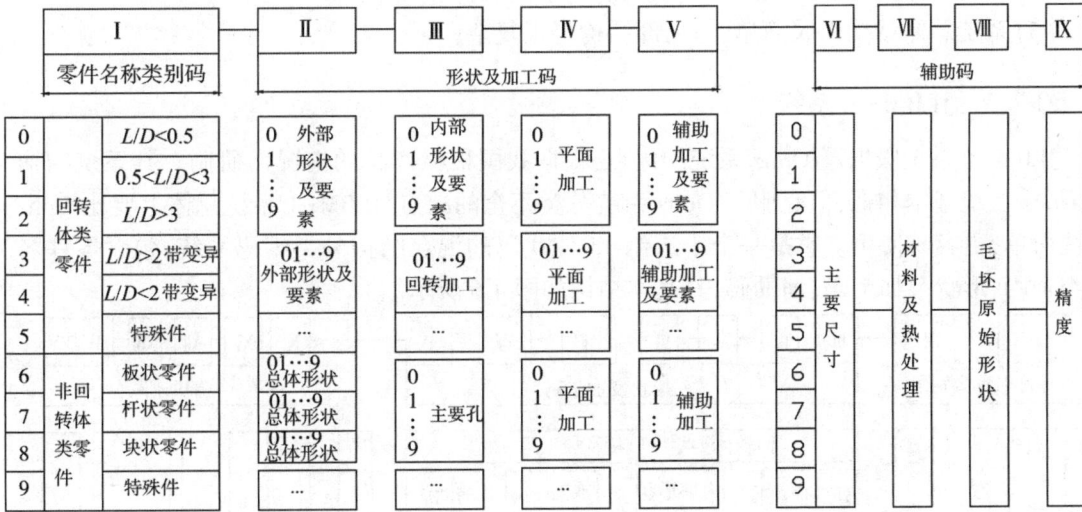

图 4.4　Opitz 系统的基本结构

对图 4.5 的法兰盘进行编码。该零件属于回转体,且 $L/D = 80 \text{ mm}/240 \text{ mm} = 1/3 < 0.5$,因此第 1 位为 0;其外部形状为单向台阶,无形状要素,因此第 2 位为 1;其内部形状属于光滑或单向台阶带功能槽,因此第 3 位为 3;平面加工为外平面,因此第 4 位为 1;有分布要求的轴向孔,因此第 5 位为 2;$D = 240 \text{ mm}$,$160 \text{ mm} < D < 250 \text{ mm}$,因此第 6 位为 4;材料为 45 钢,因此第 7 位为 2;毛坯为锻件,因此第 8 位为 7;内外圆与平面均有精度要求,因此第 9 位为 9。最终该法兰盘的 Opitz 编码为 013124279。

Opitz 系统具有以下特点:

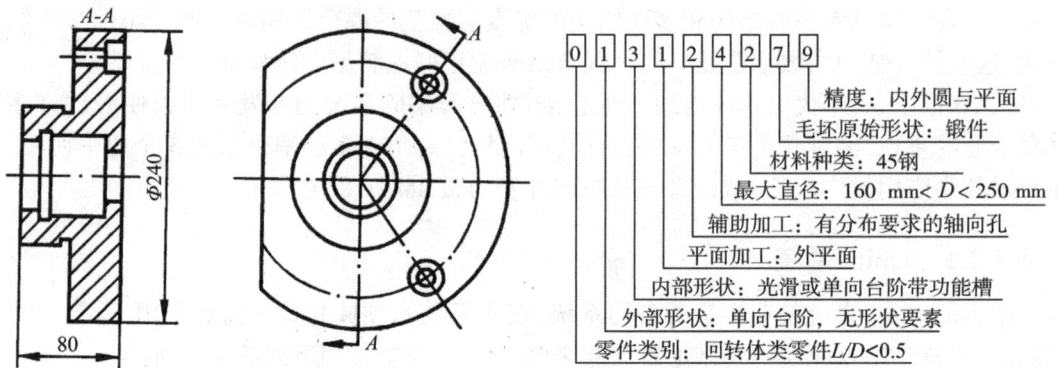

图 4.5　法兰盘的 Opitz 编码

（1）系统结构简单，便于记忆和手工分类。

（2）系统的分类标志虽然形式上偏重零件结构特征，但实际上隐含着工艺信息。例如，零件的尺寸标志，既反映零件在结构上的大小，也反映零件在加工中所用的机床和工艺设备的规格大小。

（3）虽然系统考虑了精度标志，但只用 1 位码来表示是不充分的。

（4）系统的分类标志尚欠严密和准确。

（5）系统总体结构尚属简单，但局部结构仍很复杂。

4.3.2.2　JLBM-1 系统

JLBM-1 系统吸取了 Opitz 系统的优点，根据我国机械产品的情况而研制。其系统结构和 Opitz 系统基本相似，但克服了 Opitz 系统分类不全的缺点，JLBM-1 系统总体上要比 Opitz 系统简单，更容易使用。它是一个十进制 15 位代码的混合结构分类编码系统，包含零件名称类别码、形状及加工码、辅助码，其基本结构如图 4.6 所示。

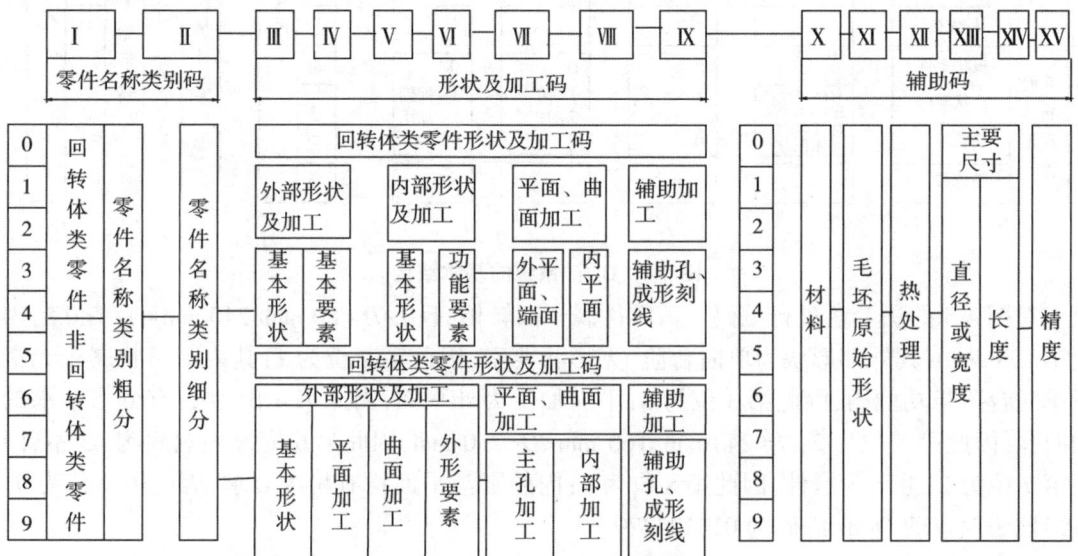

图 4.6　JLBM-1 系统的基本结构

同样对图 4.5 的法兰盘进行编码,该法兰盘的 JLBM-1 编码为 021051101260513,码位的含义如表 4.1 所示。

表 4.1　法兰盘的 JLBM-1 编码

15 位码	I	II	III	IV	V	VI	VII	VIII	IX	X	XI	XII	XIII	XIV	XV
数值	0	2	1	0	5	1	1	0	1	2	6	0	5	1	3
具体含义	名称类别粗分 回转体类	名称类别细分 法兰盘	外部基本形状 单向台阶	外部功能要素 无	内部基本形状 双向台阶通孔	内部功能要素 有环槽	外平面、端面 单一平面	内平面 无	非同轴线孔 均布轴向孔	材料 普通钢	毛坯原始形状 无	热处理 无	主要尺寸直径 160~400 mm	主要尺寸长度 50~120 mm	精度 内外圆与平面

4.3.3　零件的成组方法

按编码系统将零件编码后进行分组,即采用不同的相似性标准,将零件划分为具有不同属性的零件族,每一个零件族都是一个具有某些共同属性的零件组合。常用的零件分组方法有视检法和编码分类法。

4.3.3.1　视检法

视检法是由有经验的人员通过仔细阅读零件图样,把具有某些特征的零件归结为一类,它的效果取决于个人的经验,常常有主观性和片面性。

4.3.3.2　编码分类法

编码分类法亦称相似特征分类法,它根据零件特征,用字符(数字、字母或符号)对零件各有关特征进行描述和标识,并制定一套特定规则和依据。在分类前,需将待分类零件的设计信息、制造信息和管理信息等转译成代码。编码分类法常采用特征码位法和特征矩阵法。

(1)特征码位法

特征码位法是从零件代码中选择几位与加工特征直接相关的码位作为形成零件分组的依据,但忽略了那些影响不大的码位。

(2)特征矩阵法

为了较好地确定分组依据,首先对零件的结构特征信息分布情况进行统计分析,在此基础上制定出分组的标准,即建立若干个特征矩阵,对零件进行分组。

采用特征矩阵法对零件进行分组的原理如下:每一个零件的编码均可以用矩阵来表示,例如:代码 130213411 的零件可以用如图 4.7 所示的矩阵来表示,也可以用一个矩阵表示一个零件组的特征矩阵,如图 4.8 所示。分组时,将零件代码与特征矩阵进行比较,如果与零件代码各位的数值对应的矩阵位置上都是 1,就认为该零件与此矩阵相匹配,该零件就分入这个组。如果和零件代码各位的数值对应的矩阵位置上有一位不是 1,而是 0,则认为该零件与此矩阵不匹配,该零件就不能分入这个组。

图 4.7　一个零件的特征矩阵　　　　　图 4.8　一个零件组的特征矩阵

4.3.4　派生式 CAPP 系统的工作原理和特点

派生式 CAPP 系统的工作原理如图 4.9 所示。派生式 CAPP 系统是利用零件相似性原理,来检索已有工艺规程的一种软件系统。派生式 CAPP 系统具有一个适合本系统的零件分类编码系统。首先,按照一定的相似准则对零件进行分类、归纳,将其分为不同的零件族,针对每一个零件族构造一个主样件,又称为典型零件。主样件是包含这一零件族的所有结构特征的零件,是该零件族中结构最为复杂的零件,可以是实际存在的,也可以是假想的。图 4.10 是某轴套类零件族主样件构造实例。然后,针对主样件制定工艺规程,由于主样件是该零件族最复杂的零件,主样件的工艺过程能够满足该零件族所有零件加工的工艺要求。这样得到的就是该零件族的典型工艺过程。再将主样件的典型工艺文件存入标准工艺数据库,用于该零件族的工艺设计。对一个新零件进行工艺设计时,系统根据输入零件的信息制定代码,分类编码系统将零件按照相似性准则进行分类、归纳并分为不同的零件族,系统在标准工艺数据库搜索出该零件所属零件族的标准工艺规程文件,从标准工艺规程中筛选出与零件结构匹配的工艺规程,并且从制造资源数据库和工艺知识数据库中调用相关工艺数据,对零件的工艺规程文件进行必要的编辑、修改和补充,最后得到该零件的工艺文件。

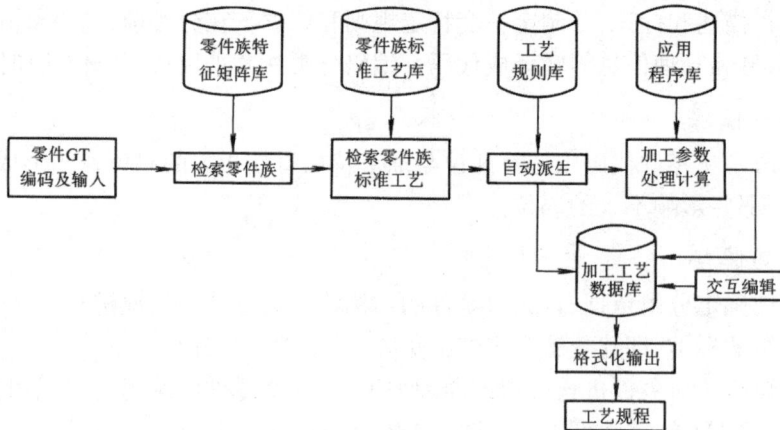

图 4.9　派生式 CAPP 系统的工作原理

派生式 CAPP 系统具有以下特点：

(1) 以成组技术为基础,理论上比较成熟;

(2) 应用范围比较广泛,有较好的实用性;

(3) 适用于结构比较简单的零件,尤其是回转体类零件;

(4) 继承企业较成熟的传统工艺,但系统柔性度较差;

(5) 难以编码描述相似性较差的复杂零件。

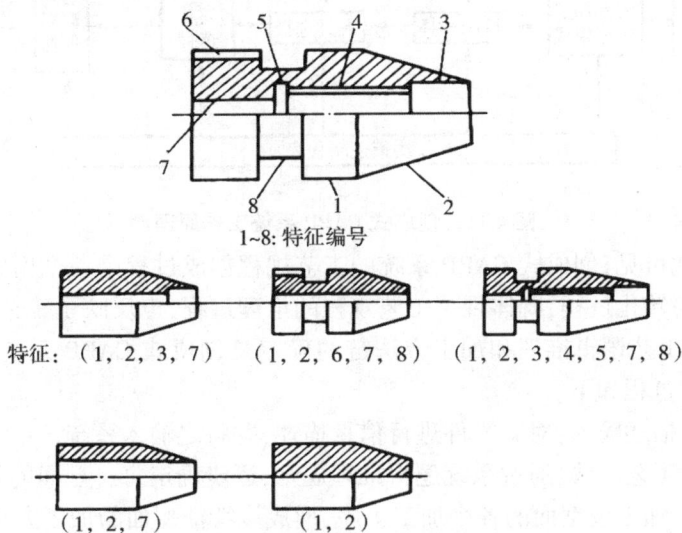

图 4.10 某轴套类零件族主样件构造实例

4.4 创成式 CAPP 系统

4.4.1 创成式 CAPP 系统的组成和工作过程

创成式 CAPP 系统根据输入零件的工艺信息在工艺知识库和工艺数据库的支持下,通过系统的决策逻辑,自动生成零件的工艺文件。创成式 CAPP 系统要完成零件工艺设计全过程,需要有相关计算机技术的支持和能够满足决策计算的程序模块,因此,创成式 CAPP 系统应有零件信息输入、工艺规程决策、机床选择、刀夹具选择、切削参数计算、决策逻辑程序等主要组成模块。创成式 CAPP 系统工作原理如图 4.11 所示。

创成式 CAPP 系统的基本原理是:一个零件是由若干个待加工的型面特征组成的,每个型面特征及其属性(形状、尺寸和精度)在很大程度上决定了它的加工工艺方法。零件加工过程的创成是指:首先将零件离散化为许多单个的制造特征,这些离散化的制造特征是没有顺序的;然后对每一个制造特征根据其加工约束和设计要求,匹配一组相应的加工方法,即加工方法链;综合零件各特征的加工方法链,按照待加工特征的优先顺序和工艺设计原则,使用工艺逻辑推理将其排序并组合为工序和工步,形成零件有序的加工过程,最终得到零件

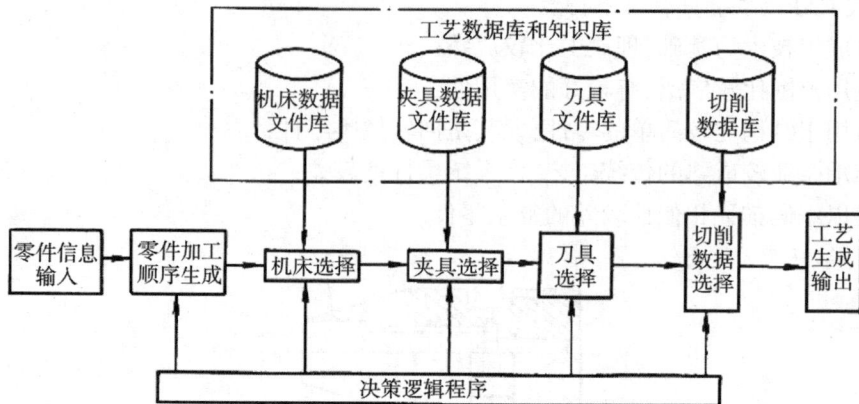

图 4.11 创成式 CAPP 系统工作原理

的加工工艺。由此可见,创成式 CAPP 系统的工艺规程创成过程是一个由整体到离散、从无序到有序的处理与转化过程,既体现了工艺规程的推理过程,也反映了工艺人员长期积累的实际经验。因此,工艺逻辑推理和加工方法链的确定是创成式 CAPP 系统的核心。创成式 CAPP 系统的工作过程如下:

（1）零件信息描述输入:对新零件进行信息描述,并将之输入系统。

（2）确定加工工艺方法:通过系统逻辑推理规则,逐步确定每一型面的加工方法,再按照逆向推理过程递推加工该型面的各个加工工序,形成该特征型面的加工方法链。

（3）构建零件加工过程:将所分析零件中各个特征型面的加工方法进行整理,相同工艺方法纳入同一工序,并按照工艺设计的原则和待加工特征型面的优先顺序,对推理产生的各个工序进行排序,形成加工工艺过程。

（4）进行零件加工工序设计:对工艺过程中每一工序的工步进行详细设计,确定加工机床、选择刀具、计算切削参数、计算工时定额和加工费用等,最后输出工艺规程。

4.4.2 创成式 CAPP 系统的工艺决策技术

■ 4.4.2.1 创成式 CAPP 系统的工艺决策逻辑

创成式 CAPP 系统的研制涉及选择、计算、规划、绘图以及文字编辑工作等,是一个十分复杂的工作,而建立工艺决策逻辑是其核心问题。

建立工艺决策逻辑一般应根据工艺设计的基本原理、工厂生产实践的总结以及对具体生产条件的分析研究,并集中有关专家、工艺人员的智慧以及工艺设计中常用的原则,如各表面加工方法的选择,粗、细、精、超精加工阶段的划分,装夹方法的选择,机床、刀具类型规格的选择,切削用量的选择等,建立起相应的工艺决策逻辑。

现在有很多种工艺逻辑用于创成式 CAPP 系统中,其中常用的逻辑推理决策有决策树和决策表两种形式,其原理是相同的,只是表现形式不同。可视其适用场合选择,并可互相转换。

（1）决策树的原理和结构

决策树又称判定树,它是用树状结构来描述和处理"条件""动作"之间的关系。决策树是一种由结点和分支(边)构成的图。

结点有根结点、中间结点和终结点之分,它表示一次测试或一个动作,最后拟采取的动作一般放在终结点上。分支(边)连接两次测试和动作。由根结点到终结点的一条路径表示一条决策规则。

图 4.12 所示为孔的加工方法选择所用的决策树,孔的加工方法选择要考虑孔径、位置精度和孔径公差等问题,所选用的加工方法各有不同,比较复杂。

决策树具有直观,易于建立、扩展和维护,以及便于编程等特点,很适用于工艺规程设计。

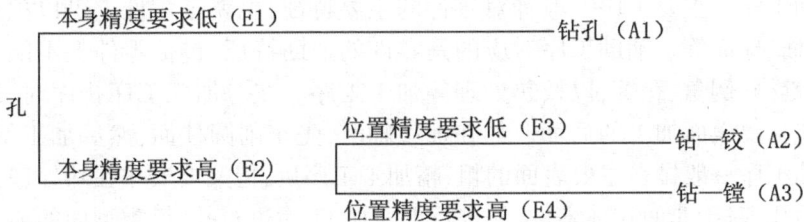

```
                 本身精度要求低（E1）───────────────钻孔（A1）

孔                                  位置精度要求低（E3）──────钻—铰（A2）
                 本身精度要求高（E2）
                                    位置精度要求高（E4）──────钻—镗（A3）
```

图 4.12　孔的加工方法选择所用的决策树

（2）决策表的结构

决策表又称判定表,它是用表格结构来描述和处理"条件""动作"之间的关系。决策表是用符号描述事件之间逻辑关系的一种表格,它用横、竖两条双线或粗线将表格划分成 4 个区域。其中,左上方区域列出所有条件,左下方区域列出根据条件组合可能出现的所有动作;竖双线右侧为一个矩阵,其中上方为条件组合,下方为对应的动作即采取的决策动作。因此,矩阵的每一列可看成是一条决策规则。决策表具有表达清晰、格式紧凑、便于编程的特点,但难于扩展和修改。

图 4.13 所示为孔的加工方法选择所用的决策表。在决策表中,若某一条件是真实的,则取值为 T;若条件是假的,则取值为 F。条件状态也可以用空格表示,它表示这一条件是真是假与该规则无关。条件项目也可以用具体数值或数值范围表示。决策动作可以是无序的(用 X 表示),也可以是有序的决策行动(用一序号表示)。

本身精度要求低	T		
本身精度要求高		T	T
位置精度要求低		T	
位置精度要求高			T
钻　孔	X	1	1
铰　孔		2	
镗　孔			2

图 4.13　孔的加工方法选择所用的决策表

4.4.2.2 创成式 CAPP 系统工艺过程的确定及工序设计

（1）工艺过程的确定

将零件信息输入系统后，系统根据零件的形状结构特征，通过上述决策树或决策表进行工艺决策，得到一系列与零件各表面特征一致的对应加工方法，但这些方法是散乱无序的，必须整理、归并、排序，以形成一个合理的零件加工工艺过程。

对所获取的加工工艺方法进行排序整理时，一般应遵循以下工艺设计原则：

①先基准后其他，先加工基准表面，在此基础上再加工其他型面。

②先粗后精，先粗加工后精加工。

③先主后辅，零件结构形状特征可分为主要特征和辅助特征，对应的加工工艺分解为主要工序和辅助工序。主要工序一般针对零件的主要特征，也就是零件上可以独立存在的形状特征，如柱面、球面等。辅助工序对应的是零件的辅助特征，包括零件上不能独立存在的形状特征，如键槽、倒角、孔等，以及热处理等加工工序。在对加工工序排序时，通常辅助表面的加工排在主要表面加工的后面。如在加工轴时，先车削圆柱面，然后加工倒角；铣键槽的工序和钻孔工序一般排在主要表面的粗、精加工工序后，但又要安排在热处理工序前面。

④先面后孔，对于非回转体零件，先进行平面加工，后进行孔、槽类型面的加工。

⑤先外后内，对于回转体零件，先加工外特征型面，后加工内特征型面。

⑥孔粗加工和半精加工顺序按精度由高到低进行，对于精加工则按精度从低到高进行。

⑦同轴孔系先加工小孔，后加工大孔等。

（2）工序设计

工序设计包括机床、刀具、夹具、量具的选用以及加工工步的确定等。

机床的选用包含机床类型和机床型号的选择，机床类型应由加工工艺方法确定，而型号应根据加工零件的尺寸参数确定。例如，车削加工应选择车床设备，车床型号依据零件长度和最大加工直径选取。CAPP 系统决策选取时，依次将零件加工参数与工艺数据库中的机床参数与加工能力进行匹配比较，以确定满足要求的机床。

工序设计可以采用标准工序，即把某工序所采用的机床设备、工步数及工步顺序，以模块的形式存储在工艺库中，仅需调用即可。此外，工序设计也可以根据当前工序加工型面要素，由系统按照工艺决策逻辑进行决策，以确定机床设备的选用和加工工步的安排。如车削加工，可按以下规则决策确定先加工工件的哪一端：①当工件无孔加工时，以最大外圆为界，先加工较短一端；②当有通孔要求加工时，先加工一次装夹能加工的孔数最多的一端；③当有单端不通孔时，先加工有孔端；④当工件两端都有不通孔时，则按①进行决策。

由上述可见，创成式 CAPP 系统根据输入的零件信息可以自动进行零件工艺设计，不需要人工技术性干预，设计效率高。然而，由于零件工艺设计范围广，设计过程复杂，完全由系统自动决策来完成工艺设计，其技术难度相当大。因此，至今为止创成式 CAPP 系统仅用于结构简单的特定零件的工艺设计。也有些系统采用检索与自动决策相结合的工作方式生成工艺规程，这种 CAPP 系统称为半创成式 CAPP 系统。

4.5　CAPP 专家系统

CAPP 专家系统与一般的 CAPP 系统的工作原理不同,结构上也有很大差别。CAPP 专家系统由零件信息输入模块、工艺知识库、工艺推理机三部分组成。其中工艺知识库和工艺推理机是互相独立的。工艺推理机实质就是一组程序,用来控制、协调整个系统工作。工艺推理机可根据当前输入的数据,通过工艺推理机的控制策略,从工艺知识库中搜索相应的处理规则,解决需要解决的问题。工艺知识库就是数据库,但它又不同于一般存储资料的数据库,一般数据库系统只是简单地存储答案,以便让用户直接搜索;而在 CAPP 专家系统中,存储的不是答案,而是进行推理的逻辑与知识规则,必须经过推理才能导出结论。

CAPP 专家系统根据当前输入的数据,通过工艺推理机的控制策略,从工艺知识库中搜索相应的处理规则,然后执行这条规则,并把每一次执行规则得到的结论部分按先后次序记录下来,直到零件加工达到终结状态,这个记录就是零件加工所要求的工艺规程。其工作原理如图 4.14 所示。

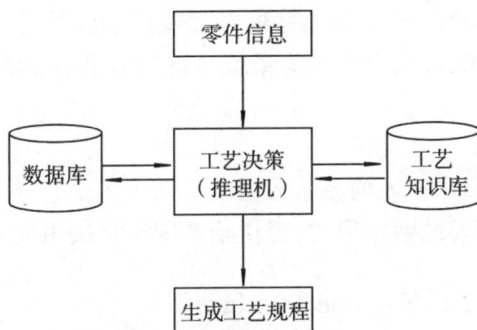

图 4.14　CAPP 专家系统工作原理

4.5.1　CAPP 专家系统的基本构成

CAPP 专家系统作为工艺设计的专家系统,以工艺知识库和工艺推理机为主体,还加入了解释系统、知识获取系统、动态数据库、人机接口等功能模块。

4.5.1.1　工艺知识库(KB,Knowledge Base)

在专家系统中按一定形式存放的工艺专家知识、经验的集合称为工艺知识库。工艺知识库通常包括两方面知识:一是常识性工艺知识,如材料性能、机床参数、切削用量等;二是工艺专家或工艺工程师积累的经验性工艺知识,它是 CAPP 专家系统进行逻辑推理的主要工艺知识源。建立某一专业领域的知识库是一个复杂的过程。通常,先建立一个子集,然后利用知识库开发系统修改和扩充工艺知识库,并对其中的知识进行检验完善。

4.5.1.2　工艺推理机（IE，Inference Engine）

工艺推理机由一组程序组成，实现对问题的推理求解。推理机根据用户输入的数据，利用工艺知识库中的工艺知识，采用预先设定的推理策略进行推理决策，解决工艺设计中的问题。

工艺推理机是专家系统的控制机构，它规定了如何从工艺知识库中选用适当的规则，来进行工艺规程设计，只有在一定的控制策略下，规则才能被启用。从选择规则到执行操作通常分三步：匹配、冲突解决和操作。其中，匹配器负责判断规则条件是否成立；冲突解决器负责选择可调用的规则；操作负责执行规则的动作，在满足结束条件时终止系统的运行。

4.5.1.3　解释系统（Explanation System）

系统向用户说明推理的过程，给出产生结论的理由。解释功能可以对系统的推理行为做出解释，解释不仅使结论易于为用户所理解、接受，帮助用户建立系统、调试系统，还可以对缺乏领域知识的用户起到传授知识的作用。

4.5.1.4　知识获取系统（Knowledge Acquisition System）

知识获取系统是建立、修改和扩充专家系统工艺知识库的一种工具和手段，其任务是将工艺专家的工艺知识提取出来，转化为计算机内部能识别的符号，经检测后输入知识库，便于专家系统检索和推理使用，并具有从专家系统运行的结果中归纳、提取新知识的功能。

4.5.1.5　动态数据库

动态数据库用于存储用户输入的原始数据以及系统在工艺推理过程中动态产生的临时工艺数据，以当前系统所需要的数据形式，提供给系统推理决策使用。

4.5.1.6　人机接口（Man-Machine Interface）

人机接口是为工艺设计人员提供的用户界面，将专家和用户的输入信息翻译成系统可以接受的内部形式，回答系统在运行过程中提出的问题，并将系统的输出结果以用户易于理解的形式显示。

综上所述，CAPP 专家系统是一个计算机程序，它对某一领域的问题提供具有该领域专家水平的解答，并具备启发性、透明性、灵活性等特点。

4.5.2　CAPP 专家系统中工艺知识的表示

工艺知识的表示就是按照某种数据结构对工艺知识进行描述，以便于系统的存储和处理。目前，知识的表示方法有多种，如产生式规则表示法、谓词逻辑表示法、框架表示法等。由于上述知识表示法各有优缺点，所以，在专家系统中往往混合使用多种表示法。下面介绍常用于工艺设计专家系统的产生式规则表示法和框架表示法。

4.5.2.1　产生式规则表示法

产生式规则表示法就是将知识表示为规则的集合,每条规则由一组条件和一组结论两部分组成,当满足某些条件时,就可以得到对应的结论。产生式规则的一般表达式为

　　IF（条件 1）AND/OR
　　　（条件 2）AND/OR
　　　（条件 3）AND/OR
　　　……
　　　（条件 n）AND/OR
　　THEN（结论 1）AND
　　　（结论 2）AND
　　　（结论 3）AND
　　　……
　　　（结论 m）AND

产生式规则表示法非常接近工艺设计师解决问题的思路和方法,结构比较直观,容易收集和组织工艺专家的知识,而且各条规则相互独立,易于查询、修改和扩充。另外,它还具有描述不确定知识的能力,也容易添加解释功能,以便观察系统如何进行推理。

CAPP 专家系统的工艺知识库包含了完整的规则集,它可以划分为若干个规则子集。根据需要,每个规则子集还可以划分成若干个规则组,其一般形式如下:

　　IF(前提或条件)THEN(结论或动作)
　　规则 1:
　　　IF(孔径≤20　AND
　　　　材料:非淬火钢　AND
　　　　精度:H7)
　　　THEN(加工方法:铰孔)
　　规则 2:
　　　IF（铰孔加工）
　　　THEN(前序加工:扩孔)
　　规则 3:
　　　IF(扩孔加工)
　　　THEN(前序加工:钻孔)

4.5.2.2　框架表示法

框架表示法是以框架理论为基础而发展起来的一种结构性知识的表示方法。框架表示法的知识采用单位式框架,而框架由若干个槽组成,每个槽又可分为若干个侧面。槽是描述知识对象的某方面属性,侧面是描述相应属性的一个方面,槽和侧面所具有的属性值分别称为槽值和侧面值。

一个用框架表示知识的专家系统可以包含多个框架,形成框架网络,因此需要给它们赋

予不同的框架名。一个框架中的槽值或侧面值可以是另一个框架的框架名。建立了联系之后的框架网络可以通过一个框架找到另一个框架。

一个框架的结构表示如下：

（<框架名> <槽名 1>（<侧面名 1>（<值 1>,<值 2>……）)
　　　　　　　　　<侧面名 2>（<值 1>,<值 2>……）
　　　　　　　　　……)
　　　　　　<槽名 2>（<侧面名 1>（<值 1>,<值 2>……）)
　　　　　　　　　<侧面名 2>（<值 1>,<值 2>……）
　　　　　　　　　……)
　　　　　　……
　　　　　　<槽名 n>（<侧面名 1>（<值 1>,<值 2>……）)
　　　　　　　　　<侧面名 2>（<值 1>,<值 2>……）
　　　　　　　　　……))

例如，在工艺设计中可将 C6140 车床的信息用框架表示如下：

<C6140> <使用时间>（<5 年>)
　　　　<功率大小>（<12 kW>)
　　　　<加工能力>（<最大加工长度>（<3 m>)
　　　　　　　　　<最大加工直径>（<40 mm>)）
　　　　<加工特性>（<公差等级>（<精密>)
　　　　　　　　　<功能>（<车内外圆柱>,<车锥球面>,<车螺纹>)
　　　　　　　　　<冷却>（<有>)
　　　　　　　　　<照明>（<有>)）

框架表示法善于表达结构性知识，能够把知识内容的结构关系以及知识间的相互联系表示出来，但不善于表示过程性知识，因此可将框架表示法与产生式规则表示法结合起来进行知识的表示。

4.5.3　CAPP 专家系统的推理策略

推理，即根据已知的事实，运用已掌握的知识，按照某种策略推断出结论的一种思维过程。工艺推理策略在很大程度上依赖于工艺知识的表示，基于产生式规则的 CAPP 专家系统，常采用的有正向推理、反向推理和混合推理三种工艺推理策略。

4.5.3.1　正向推理

正向推理是根据用户提供的初始事实，在工艺知识库中搜索能与之匹配的知识，构成一个可用知识集，然后按某种冲突解决策略，从可用知识集中选出其中一条知识进行推理，并将推出的新事实存放在动态数据库中，作为下一步推理的已知事实，再根据推出的新事实，继续在知识库匹配可用知识，如此循环直至推理得出最终结论。

在 CAPP 专家系统中，正向推理主要是指由毛坯到成品零件所经历的工艺过程。

4.5.3.2　反向推理

反向推理首先提出假设,然后寻找支持该假设目标的证据,若能够找到所需要的证据,则说明其假设目标成立;若找不到所需要的证据,则说明其假设目标不成立,此时需要选择新的假设目标,故也称为目标驱动策略。为此,反向推理除了要求系统拥有工艺知识库,还要求系统事先设定一组假设。

CAPP 专家系统的反向推理,是从成品零件反向至毛坯的推理过程,根据零件的几何形状和技术条件,逐步推理各个零件型面以及中间型面的精加工、半精加工及粗加工的工艺方法和加工余量,最终获得零件毛坯。

反向推理是 CAPP 专家系统进行工艺设计常用的推理策略。例如,根据零件表面粗糙度、精度和形状,可以确定它的最终加工方法(如磨削、精车等),以此定出最后一道工序的相关数据(加工余量、公差等);根据所确定的加工方法和加工余量,推断出该零件中间形状及工艺要求,再推导出满足要求的预加工工序及相关参数,一直推导下去,直到毛坯,从而选出毛坯材料的有关数据(尺寸、公差等)。通常工艺人员设计工艺时,就是按此过程进行的。

4.5.3.3　混合推理

混合推理是正向推理与反向推理的结合。前面提到的两种推理策略中,正向推理的缺点是推理比较盲目,常常求解了许多与目标解无关的子目标;反向推理的缺点是选择目标比较盲目,常常求解了许多不符合实际的假设目标。混合推理的一般过程为,先根据初始事实进行正向推理以帮助提出假设,再用反向推理进一步寻找支持假设的证据,反复这个过程,直至得出结论为止。

📖 思考与练习题

1. CAPP 的概念是什么? CAPP 有哪几种基本类型?
2. 请叙述一下 CAPP 系统的组成和工作过程。
3. 什么是成组技术? 编码的结构有哪些? 零件分类方法有哪几种?
4. 派生式 CAPP 系统与创成式 CAPP 系统的工作原理有何不同?
5. 创成式 CAPP 系统的工艺决策采用哪些方法?
6. CAPP 专家系统由哪些部分构成?
7. 简述 CAPP 专家系统中常用的知识表示法。
8. 简述基于产生式规则的 CAPP 专家系统的三种推理策略。

第 5 章
数控加工基础

5.1 数控加工技术概述

　　数字控制(NC,Numerical Control)技术简称数控技术,是用数字化信号进行可编程自动控制的一种方法。数控加工是用数字化信号对机床运动及其加工过程进行自动控制的一种技术。数控加工把数控技术应用于传统的加工技术中,几乎覆盖了所有的加工领域,如车、铣、刨、镗、钻、拉、电加工、板材成型等方面。由于现代数控都采用计算机进行控制,所以又称为计算机数控(CNC,Computer Numerical Control)。

　　数控机床是指采用数控技术控制的机床。数控机床集合了计算机技术、自动控制技术、自动检测和精密加工等先进技术,是现代制造技术的关键装备。数控机床的数控系统经历了两个发展阶段。

　　第一个发展阶段是数控(NC)阶段。1952 年,世界上第一台数控机床由美国帕森斯公司(Parsons,Co.)和麻省理工学院(MIT)合作研制成功,成为世界机械工业史上一个划时代的事件,推动了自动化的发展。随后,数控机床在世界各国迅速发展起来,早期的数控机床采用数字逻辑电路作为数控系统,称为硬件连接数控,其核心部件有电子管(1952 年)、晶体管(1959 年)和小规模集成电路(1965 年)三种形式。

　　第二个发展阶段是计算机数控(CNC)阶段。从 1970 年开始,采用大规模集成电路的小型通用计算机取代硬件逻辑电路,成为数控系统的核心部件,从此开始了计算机数控。1974 年,微处理器被应用于数控系统;1990 年以后,PC 机的性能已发展到很高的水平,能够满足数控系统核心部件的要求,数控系统进入基于工控 PC 机的通用 CNC 阶段。

5.2　数控机床

5.2.1　数控机床的组成

数控机床是一种装有程序控制系统的机床,该系统能有逻辑地处理具有特定代码或特定符号编码指令规定的程序,并将其译码,用代码化的数字表示出来,通过信息载体输入数控装置,经运算处理由数控装置发出各种指令信号,控制机床按预设的顺序依次动作,依照图纸要求的形状和尺寸,自动地将零件加工出来。数控机床种类繁多,通常由信息载体、输入/输出装置、数控系统、伺服系统、检测与反馈装置、机床本体和辅助装置等单元组成,如图5.1 所示。

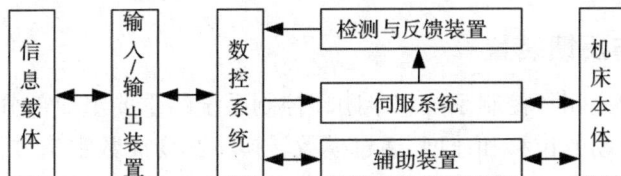

图 5.1　数控机床的组成

5.2.1.1　信息载体

数控机床工作时,不需要工人直接操纵机床,但机床又必须执行工人的意图,这就需要在工人与机床之间建立某种联系,将零件加工程序以一定的格式和代码存储在某种载体上,这种用于记录数控机床所加工零件的各种信息的载体称为信息载体或控制介质。常用的信息载体有磁盘、光盘、磁带、硬盘和闪存卡等。信息载体以指令的形式记载各种加工信息,控制机床对零件的加工过程。

5.2.1.2　输入/输出装置

输入/输出装置的主要作用是输入程序和数据,并打印和显示。

输入装置将各种加工信息输送给数控系统,在数控机床产生初期,输入装置为穿孔纸带,现已被淘汰,后发展成盒式磁带,再发展成键盘、磁盘等便携式硬件,目前 CNC 机床上常用的输入装置有软盘驱动器、光电读带机或录音机。现代数控机床也可以用数控系统操作面板上的人机界面直接输入零件加工程序,称为手动数据输入(MDI)。复杂的曲面加工往往通过数控软件编程,再通过数控机床上的 RS232 串行通信接口传到数控系统。

输出装置显示输入的内容及数控工作状态等信息,监控数控系统的运行。

5.2.1.3　数控系统

数控系统是数控机床的控制系统,是数控机床的核心,由硬件和软件组成。硬件主要包括微处理器、存储器、局部总线、外围逻辑电路以及与数控系统的其他组成部分联系的各种接口等；软件是为了实现数控系统各项控制功能而开发的专用软件，又称系统软件。数控系统可由软件处理输入信息，同时处理逻辑电路难以处理的复杂信息，使数字控制系统的性能得到更大提升。

5.2.1.4 伺服系统

伺服系统是数控系统的执行机构之一，由伺服驱动电动机和伺服驱动系统组成。伺服系统是数控机床执行机构的驱动部件和动力来源，用来接收数控系统的指令信息，并按照指令的要求带动机床的移动部件运动或驱动执行机构动作。数控机床上每个做进给运动的部件都配有一套伺服驱动系统，接收来自数控系统的指令脉冲，经过一定的信号变换及电压、功率放大，再驱动各加工坐标轴按指令脉冲运动，带动工作台和刀架，通过几个坐标轴的联动，使刀具相对于工件产生各种复杂的机械运动，加工出所要求的复杂形状。

伺服系统按照控制方式可以分为开环、闭环和半闭环三种。

5.2.1.5 检测与反馈装置

检测与反馈装置是闭环控制系统和半闭环控制系统的重要组成部分。其主要作用是监测机床导轨和主轴移动的位移和速度，通过模数转换将其变成数字信号，然后反馈到数控系统中，与数控系统发出的指令信号进行比较。若有偏差，经放大后控制执行部件向消除偏差方向运动，直至消除偏差。通常，检测与反馈装置安装在伺服电动机上，其检测精度会最终影响数控机床的加工精度和定位精度。

5.2.1.6 机床本体

机床本体是数控机床的主体部分，是完成各种切削加工的机械结构，包括机床基础件、主传动系统、进给系统，以及辅助装置（液压装置、润滑装置、冷却装置等）。来自数控装置的各种运动和动作指令，都必须由机床本体转换成真实的、准确的机械运动和动作，才能实现数控机床的加工功能。

辅助装置是指数控机床的一些必要的配套部件，包括储备刀具的刀库、数控分度头、自动换刀装置、自动托盘交换装置、工件夹紧机构、回转工作台，以及液压装置、气动装置、冷却装置、润滑装置、排屑装置等。

数控机床的机床本体的基本构成与传统的机床十分相似，但是由于数控机床的功能和性能与传统机床存在巨大差异，所以数控机床的机床本体在总体布局、结构、性能上与传统机床有明显的区别。其主要区别表现为机械结构与功能部件的不同，形成了数控机床机械构造上的特色：

（1）采用高性能的无级变速主轴及伺服传动系统，具有传递功率大、静刚度和动刚度高、抗震性及热稳定性较好等优点；

（2）采用高效传动部件及进给传动系统，机械传动结构得到简化，传动链较短，具有较高的几何精度、传动精度和定位精度，一般采用滚珠丝杠、静压导轨、滚动导轨等；

（3）配备多主轴、多刀架及刀具与工件的自动夹紧装置，自动换刀系统（ATC），自动排屑装置、自动润滑冷却装置,支持连续自动化加工。

5.2.2 数控机床的分类

数控机床的种类繁多,常见的有以下几种分类方法:

5.2.2.1 按工艺用途分类

(1)切削类数控机床

切削类数控机床是指采用切削工艺,主要完成切削加工的机床,如数控车床、数控铣床、数控钻床、数控镗床、数控磨床和加工中心等。

(2)成型加工类数控机床

成型加工类数控机床是指采用挤、冲、压、拉等成型工艺的数控机床,如数控折弯机、数控压力机、数控弯管机、数控冲床等。

(3)特种加工类数控机床

特种加工类数控机床是指采用电或者激光加工技术的数控机床,如数控电火花线切割机床、数控电火花成型机床、数控激光切割机床、数控激光热处理机床、数控激光板料成型机床等。

(4)其他类型数控机床

其他类型数控机床包括数控多坐标测量机、自动绘图机、自动装配机、工业机器人等。

5.2.2.2 按机床运动方式分类

(1)点位控制数控机床

点位控制只控制机床运动部件从一点精确地移动到另一点,控制的是起点和终点的坐标值,而不管移动时所走的路径,各坐标轴之间的运动不相关,在移动过程中也不进行加工。点位控制的功能是获得精确的孔系中心定位。为了减少运动部件的运动和缩短定位时间,一般运动部件先快速运动至定位点附近,然后低速准确运动到定位点,以保证稳定的定位精度。这种类型的数控机床主要应用于平面孔系的加工,如数控钻床、数控坐标镗床、数控冲床等。

(2)直线运动控制数控机床

直线运动控制数控机床又叫平行控制数控机床,可控制机床工作台或刀具,使其以要求的进给速度沿平行于某一坐标轴或两轴的方向进行直线或斜线移动并在移动过程中做直线切削加工。其特点是除了需要控制点与点之间的准确定位外,还需要控制刀具在两相关点之间的移动速度和路径,一般要求路径与机床坐标轴平行,在移动过程中刀具以指定的进给速度进行直线切削加工,如数控镗床、数控铣床和数控磨床等。

(3)轮廓控制数控机床

轮廓控制又称连续轨迹控制,能实现两轴或两轴以上的联动加工,也能够对两个或两个以上运动坐标的位移和速度进行严格的连续控制,数控系统需要在加工过程中不断进行多坐标轴之间的差补运算,完成复杂曲线或曲面零件的切削加工。现代数控机床大多数具有两个或两个以上坐标的联动控制功能,也具有刀具半径和长度补偿等功能,典型的有数控车床、数控铣床、数控电火花线切割机床和加工中心等。联动按轴数可分两轴联动、两轴半联动、三轴联动、四轴联动、五轴联动等。随着制造技术的发展,多坐标联动控制也越来越普遍。

上述三种数控机床的运动方式如图 5.2 所示。

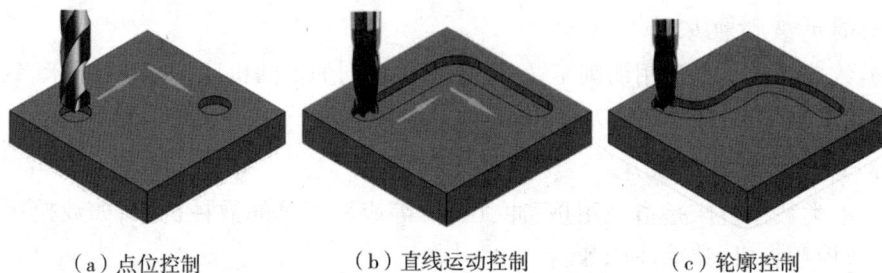

（a）点位控制　　　　　　　（b）直线运动控制　　　　　　（c）轮廓控制

图 5.2　数控机床的运动方式

5.2.2.3　按伺服系统控制方式分类

（1）开环控制

开环控制是指不带位置反馈装置。对于开环控制的数控机床,数控装置发出的指令信号单方向传递,指令发出后不再反馈回来。因为没有来自位置测量元件的反馈信号,对执行机构的动作情况不进行检查,所以控制精度不高。开环控制的数控系统具有结构简单、价格低廉的特点,但是难以实现运动部件的快速控制。

（2）半闭环控制

半闭环控制数控机床的检测反馈装置采用角位移检测装置,一般是将角位移检测装置安装在驱动电动机轴端或安装于传动丝杠端部,并通过检测伺服电机或丝杠的角位移,间接地检测出运动部件或工作台的实际位置或位移,并反馈给数控装置的比较器,与输入指令信号进行比较,用差值对运动进行校正控制。由于该控制方式只对伺服电动机或滚珠丝杠的角位移进行闭环控制,而没有对其他运动部件的位移进行闭环控制,故称为半闭环控制。半闭环控制具有调试方便、结构紧凑、系统稳定性好的特点,但是无法消除和校正机械传动链所产生的误差。

（3）闭环控制

闭环控制是将位置和速度等检测装置安装于机床运动部件上,在加工过程中,将测量到的位移量和转速等信号反馈到数控装置的比较器中,与输入指令信号进行比较,用差值对运动部件进行校正控制,使运动部件严格按照实际需要的位移量运动并实现精确定位。其特点是将机械传动链的全部环节都包含在闭环内,其精度取决于检测装置的精度,精度超过半闭环系统,但是价格高昂。

5.2.3　数控机床的主要功能

数控机床的数控系统由不同的硬件组成,辅以各种监控软件,可以对机床或设备进行控制,因此数控机床具有多种功能。

5.2.3.1　进给功能

数控系统的进给功能包括快速进给(空行程移动)、切削进给、手动连续进给、点动进给、进给量调整、自动加/减速等,与伺服驱动系统的性能有关。

5.2.3.2　主轴功能

数控系统的主轴功能包括恒转速、恒线速度、主轴定向停车及转速调整(倍率开关)等。恒线速度控制可使主轴自动变速,使得刀具相对于切削点的速度保持不变。主轴定向停车也称为主轴准停,该功能使主轴在径向的某一个位置能准确停止,主要用于数控机床在换刀和精镗等加工后的退刀控制,使主轴准确定位,方便退刀。

5.2.3.3　多轴控制功能

多轴控制功能是指数控系统可以控制多个坐标轴,也可以同时控制(联动)多个坐标轴。坐标轴包括平动轴和回转轴,其中基本平动轴是 X、Y、Z 轴,基本回转轴是 A、B、C 轴。一般数控车床只需要两轴控制、两轴联动,数控铣床需要三轴控制、三轴联动或两轴半联动,加工中心则为多轴控制、三轴联动。

5.2.3.4　刀具功能及刀具补偿功能

刀具功能是指在数控机床上可以实现刀具的自动选择和自动换刀。而刀具补偿功能包括刀具位置补偿、刀具半径补偿和刀具长度补偿。刀具位置补偿包括车刀刀尖位置变化、刀具在进行换刀后位置变化的补偿;刀具半径补偿包括车刀刀尖半径、铣刀半径变化的补偿;刀具长度补偿包括铣床或加工中心沿加工深度方向对刀具长度变化的补偿。

5.2.3.5　插补功能

插补功能是指数控机床能够实现的运动轨迹,如直线、圆弧、螺旋线、抛物线、正弦曲线等。插补是指在待加工轮廓的起始点和结束点进行数据拟合、求取中间点的过程。数控机床的插补功能越强,说明能够加工的轮廓种类越多。一般的数控系统都具有直线和圆弧的插补功能,而一些高档数控系统能够插补椭圆、抛物线、螺旋线等复杂曲线。

5.2.3.6　软件操作功能

数控机床的软件操作功能通常包含单程序段运行、跳段运行、连续运行、试运行、图形模拟仿真、机械锁住、暂停和急停等功能,有的还可以进行程序的编辑操作。

5.2.3.7　程序管理功能

数控系统的程序管理功能包括对加工程序的检索、编辑、修改、插入、删除、更名、存储和通信等。

5.2.3.8　字符图形显示功能

一般的数控系统都具有字符图形显示功能,在显示器上显示字符、二维或三维图形、单色或彩色的图形,图形可进行缩放和旋转,也可以显示刀具动态轨迹以及人机对话、自诊断等信息。

5.2.3.9　自诊断报警功能

现代数控系统具有人工智能的故障诊断系统,可对其本身的软件、硬件故障进行自我诊断,也可以用来监视整个加工过程是否正常,在发生异常时及时报警。

5.2.3.10　通信功能

现代数控系统中一般都配有 RS232 或 DNC 接口,可以按照用户的格式要求,与同级计算机进行数据交换或与上级计算机进行信号的高速传输。高档数控系统还可以与网络相连,以适应柔性制造系统(FMS)和计算机集成制造系统(CIMS)的要求。

5.3　数控编程基础

数控机床的工作原理就是将加工过程所需的各种操作和步骤以及工件的形状、尺寸用数字化的代码表示,通过控制介质将数字信息送入数控装置,由数控装置对输入的信息进行处理与运算,并发出各种控制信号,控制机床的伺服系统或其他驱动元件,使机床自动加工出所需要的工件。因此,数控加工过程应包括:分析零件图及其结构工艺要求,确定加工方案、工艺参数和工艺装备;生成刀具运动轨迹;产生数控代码,输入数控系统;校对程序及首件试切;合格后操作机床运行程序,完成零件的加工。

数控加工的关键是获取加工数据和工艺参数,产生数控代码,即数控编程。

5.3.1　数控编程的概念

数控机床加工零件是按照事先编制好的加工程序自动进行的。数控编程就是把零件图纸变成控制介质的全过程,具体地说,就是将零件的加工信息如尺寸、加工顺序、工艺过程、工艺参数、机床的运动、刀具位移和辅助动作等内容,按照数控机床的编程格式或能识别的语言编制规范,用规定的文字、数字、符号组成的代码编写零件加工程序,并将程序写入控制介质,完成程序的校验和试加工。

数控编程同计算机编程一样有自己的"语言",数控系统种类繁多,每个数控系统的编程语言各不相同,但也有很多相通之处。对不同的数控机床而言,由于在硬件上存在差距,编程语言还没有发展到相互通用的程度。当加工一个零件时,首先要确认机床的数控系统,编制程序时应严格按照机床编程手册中的规定进行。

随着数控技术的发展,先进的数控系统不仅向用户编程提供了一般的准备功能(G 代码)和辅助功能(M 代码),而且为数控编程提供了扩展功能。

5.3.2　数控编程的步骤

数控加工编程的具体步骤如下:

5.3.2.1　分析图样,确定加工工艺过程

在数控机床上加工零件,工艺人员拿到的原始资料是零件图。根据零件图,对零件的形状、尺寸精度、表面粗糙度、工件材料、毛坯种类和热处理要求等进行分析,确定加工方案,选择合适的数控机床,合适的工件装夹方法及夹具,合适的刀具,确定合理的走刀路线,选择合理的切削用量等工艺参数。

5.3.2.2　数值计算,计算刀位轨迹,确定走刀路线

数值计算就是根据零件图样几何尺寸,计算零件轮廓数据,或根据零件图样和走刀路线,计算刀具中心(或刀尖)运行轨迹,获得刀位数据。数值计算的目的是获得数控机床编程所需要的所有相关位置坐标数据。

数控系统一般都具有直线插补和圆弧插补功能,对于形状比较简单的零件(轮廓为直线或圆弧),需要计算出几何元素的起点、终点、圆弧的圆心、两几何元素的交点或切点的坐标值,如果数控装置无刀具补偿功能,还要计算刀具中心的运动轨迹坐标值。对于形状比较复杂的零件(轮廓为非圆曲线),需要用直线段或圆弧段逼近,根据加工精度的要求计算出节点坐标值。对于自由曲线、自由曲面及组合曲面等加工程序的编制,由于其数值计算过程较为复杂,需要计算机辅助完成。

5.3.2.3　编写零件加工程序

根据制定的加工路线、刀具运动轨迹、切削用量、刀具号码、刀具补偿要求及辅助动作,按照机床数控系统使用的指令代码及程序格式要求,逐段编写或生成零件加工程序单,并进行人工检查和反复修改。

5.3.2.4　制作控制介质,输入加工程序

加工程序通过控制介质和输入设备传输给数控系统,可通过键盘、磁盘、存储卡、连接上级计算机的 DNC 接口等方式输入数控系统,也可通过手工输入、网络通信等方式输入数控系统。目前常用的方法是通过键盘直接将加工程序以 MDI 的方式输入数控机床程序存储器或通过计算机与数控系统的通信接口将加工程序传送到数控机床程序存储器中,由机床操作者根据零件加工需要进行调用。

5.3.2.5　程序校验和试加工

编写好的加工程序和制备好的控制介质,必须经过校验和试切才能用于正式加工。在有图形显示功能的数控机床上,可以进行图形模拟加工,以检查刀具轨迹的正确性,对没有

显示功能的数控机床,可进行机床空运转检验,但是这些方法只能检验刀具运动轨迹是否正确,不能检验被加工零件的加工精度。因此,需要进行零件的首件试切。通常可采用铝件、木件或石蜡等易切材料进行试切,当发现有加工误差时,应分析误差产生的原因,找出问题所在,以便修改加工程序或采取刀具尺寸补偿等措施,直到加工出满足图样要求的零件为止。

5.3.3　数控编程方法

数控编程是数控加工准备阶段的主要内容之一,可分为手工编程(Manual Programming)和自动编程(Automatic Programming)。手工编程是指编程的各个阶段均由人工完成。自动编程一般由计算机完成,又叫计算机辅助编程(Computer Aided Programming),对于几何形状复杂的零件,需要借助计算机使用规定的数控语言编写源程序,经过处理后生成零件加工程序。

❖ 5.3.3.1　手工编程

手工编程就是从分析零件图样、确定加工工艺过程、数值计算、编写零件加工程序单、制作控制介质到程序校验的整个编程过程都由人工完成,要求编程人员不但熟悉数控代码和编程规则,而且具备一定的机械加工工艺知识和数值计算能力。手工编程的特点是耗时长,易出错,只适用于几何形状不太复杂的零件加工,编程容易实现,涉及的计算简单,程序段不多。

❖ 5.3.3.2　自动编程

自动编程是利用计算机专用软件来编制数控加工程序。编程人员只需根据零件图样的要求,按照某个自动编程系统的规定,使用数控语言,由计算机自动地进行数值计算及后置处理,编写出零件加工程序。加工程序可以通过直接通信送入数控机床,也可以先制备控制介质,再输入数控机床,控制机床的工作过程。

自动编程能够顺利完成一些计算烦琐、手工编程难以编制的程序。自动编程有以下两种方法:

（1）利用自动编程软件编程

利用通用的微型计算机及专用的自动编程软件,以人机对话方式确定加工对象和加工条件,自动进行运算和生成指令。在这种编程方法中,工件的图形定义、刀具的选择、起刀点的确定、走刀路线的安排,以及各种工艺指令的插入,都可由计算机完成,最后得到所需的加工程序。

（2）利用 CAD/CAM 集成数控编程系统自动编程

利用 CAD/CAM 系统进行零件的设计、分析及加工编程,适用于制造业中的 CAD/CAM 集成数控编程系统,目前正被广泛应用。

5.3.4　数控加工编程中的坐标系统

在数控加工编程时,为了精确控制机床移动部件的运动,简化编程方法和保证程序的通用性,使数控机床的坐标系和运动方向标准化,国际上统一使用 ISO 标准坐标系。我国在 1999 年颁布了《数控机床坐标和运动方向的命名》(JB/T 3051—1999),与 ISO 标准等效。下面介绍该标准中的一些规定。

5.3.4.1 机床坐标系

机床坐标系是机床固有的坐标系,是确定工件在机床中的位置,描述机床运动部件特殊位置及运动范围而建立的几何坐标系。

(1)机床相对运动的规定

为了方便和统一,在进行编程计算时,无论在实际加工中是工件运动还是刀具运动,都假定工件不动,让刀具相对工件运动来编程。这一原则使编程人员在不知道是刀具移近工件还是工件移近刀具的情况下,能根据零件图样确定加工过程。

(2)机床坐标系的规定

标准的机床坐标系是一个右手笛卡尔直角坐标系,如图 5.3 所示。图中规定了三个直线进给对应的坐标轴 X、Y、Z 的方向,按右手定则确定,各个坐标轴的方向应与机床的主要导轨平行,与将来安装在机床上靠机床的主要直线导轨找正的工件相关。根据图 5.3 中所示的右手螺旋方法,也可以很方便地确定出 A、B、C 三个旋转坐标的方向,用来确定圆周进给。

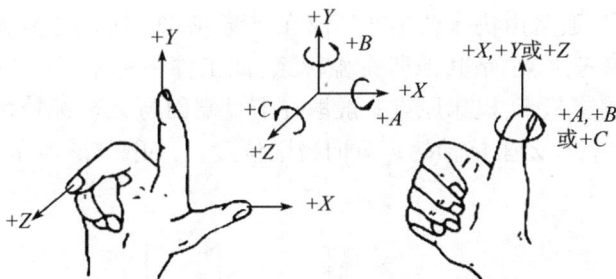

图 5.3 右手笛卡尔直角坐标系

在确定机床坐标轴时,一般先确定 Z 坐标轴,然后确定 X 坐标轴,最后确定 Y 坐标轴,机床各坐标轴及其方向的确定原则如下:

① Z 坐标轴

规定平行于机床主轴的方向为 Z 坐标轴,其正方向是刀具远离工件的方向。若机床没有主轴(如刨床),则 Z 坐标轴沿垂直于工件装夹面的方向;若机床有几个主轴,可选择一个垂直于工件装夹面的主要轴为主轴,并以此来确定 Z 坐标轴的方向。

② X 坐标轴

规定垂直于 Z 坐标轴并且平行于工件装夹面的水平方向为 X 坐标轴方向,X 坐标是描述刀具在工件定位平面内运动的主要坐标。对于工件旋转的机床(车床、磨床),X 坐标的方向在工件的径向上,平行于横向工作台,刀具远离工件的方向为 X 坐标轴的正向。对于刀具旋转的机床(如铣床),若 Z 坐标轴是水平的(如卧式铣床),从主轴向工件方向看,右方为 X

坐标轴的正向;若 Z 坐标轴是垂直的(如立式铣床),从主轴向立柱方向看,右方为 X 坐标轴的正向。对于刀具和工件均不旋转的机床(如刨床),X 坐标平行于主要切削方向,并以该方向为正方向。

③Y 坐标轴

当 X、Z 正方向确定后,按右手定则即可确定 Y 正方向。

典型机床坐标系如图 5.4 所示。

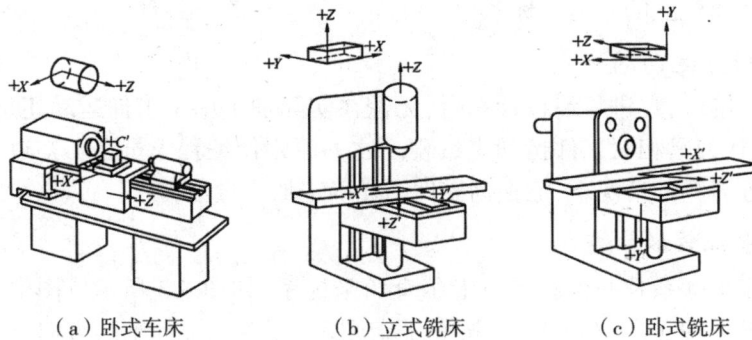

| （a）卧式车床 | （b）立式铣床 | （c）卧式铣床 |

图 5.4 典型机床坐标系

（3）机床坐标系的原点

机床坐标系的原点又称为机床原点或机床零点,是机床经过设计、制造和调整后,在机床上设置的一个固定点,通常由机床的生产厂家在装配、调试时确定,不能随意改变,是机床进行加工运动的基准参考点,也是其他所有坐标系,如工件坐标系、编程坐标系以及机床参考点的基准点。对于数控车床,机床原点一般取在卡盘端面与 Z 坐标轴相交处;对于数控铣床,机床原点一般取在 X、Y、Z 坐标轴的正方向极限位置上,如图 5.5 所示。使用前可查阅机床用户手册。

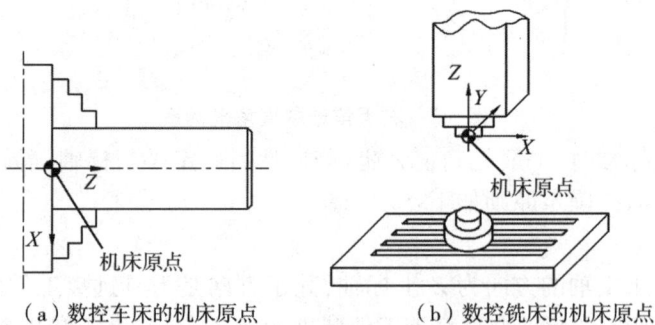

| （a）数控车床的机床原点 | （b）数控铣床的机床原点 |

图 5.5 典型数控机床原点

（4）数控机床的参考点

数控装置通电时并不知道机床原点,为了正确地在机床工作时建立机床坐标系,通常在每个坐标轴的移动范围内设置一个机床参考点(即测量起点),机床启动时,用控制面板上的回零按钮使移动部件退回机床坐标系中的一个固定的极限点,该点称为参考点或基准点。参考点的主要作用是监测和控制数控机床上运动部件的位置。

参考点是机床制造厂在机床上用行程开关设置的一个物理位置,与机床原点的相对位置是固定的,机床出厂前由机床厂精密测量确定,坐标值已经输入数控系统中,相对机床原点,参考点的坐标是一个已知数。数控机床在工作时,移动部件必须首先返回参考点,将测量系统置零后,将参考点作为基准,随时测量运动部件的位置。参考点是刀具(或工作台)移动的基准,可供数控装置确认机床原点的位置。

通常在数控铣床上机床原点和参考点是重合的;而在数控车床上参考点是离机床原点最远的极限点。数控车床的参考点与机床原点如图 5.6 所示。

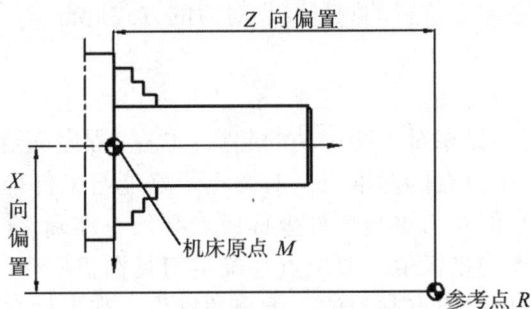

图 5.6　数控车床的参考点与机床原点

5.3.4.2　编程坐标系

编程坐标系又称工件坐标系,是编程人员根据加工零件图样及加工工艺要求建立的基准坐标系。编程坐标系一般供编程使用,建立编程坐标系时,不必考虑工件毛坯在机床上的实际装夹位置。编程坐标系的坐标原点一般称为工件原点,应尽量选择在零件的设计基准或工艺基准上,并且尽量选在工件的对称中心。坐标轴的方向应该与所使用的数控机床的机床坐标轴方向一致。

编程坐标系的选择原则如下:

(1)应使程序编制简单;

(2)编程坐标系的原点应选在加工精度要求高的表面上;

(3)引起的加工误差要小,便于测量和检测。

编程坐标系及编程原点如图 5.7 所示。

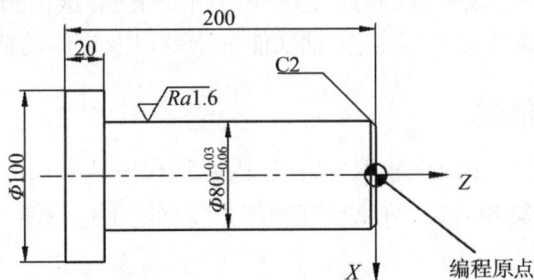

图 5.7　编程坐标系及编程原点(单位:mm)

5.3.4.3 原点偏置

通常情况下，工件原点与机床原点是不重合的。加工时，工件随夹具在机床上安装后，可采用工件测量头测量工件原点与机床原点的距离，这个距离称为工件原点偏置。该偏置值需预存到数控系统中，加工时，工件原点的偏置值便能自动加到工件坐标系上，数控系统就可按机床坐标系确定加工时的坐标值。利用这个功能，可通过工件原点偏置值来补偿工件在工作台上的装夹位置误差，使用起来十分方便，大多数数控机床具有这种功能。如果没有工件测量头，工件坐标系原点位置的测量要靠对刀的方式进行。

5.3.4.4 对刀

对刀点是数控加工时刀具相对工件运动的起点，也称"程序起点"或"起刀点"，是确定工件坐标系在机床坐标系中位置的基准点。对刀点最好能与工件坐标原点重合，也可选在工件上或装夹定位元件上，但对刀点与工件坐标原点必须有准确、合理、简单的位置对应关系，以便计算工件上其他点的坐标值。刀位点是确定刀具在机床坐标系中位置的刀具上的特定点。对刀的过程就是使对刀点与刀位点重合的操作。当工件在机床上定位装夹后，通过对刀可确定工件坐标系在机床坐标系中的位置。

5.3.4.5 绝对坐标与增量（相对）坐标

如果刀具运动位置的坐标值相对于固定的坐标原点给出，这种坐标表示法称为绝对坐标表示法，对应的坐标系称为绝对坐标系。如果刀具运动位置的坐标值是相对于前一位置坐标的增量，即目标点绝对坐标与当前点绝对坐标的差值，这种坐标表示法称为增量坐标表示法或相对坐标表示法，对应的坐标系称为增量坐标系或相对坐标系。增量坐标系的坐标原点总在移动。

编程时根据工件的形状选用绝对坐标系或增量坐标系，以方便编程为原则，有时也可以两者混用。

5.3.5 数控加工程序的程序段格式和常用数控程序指令代码

数控机床的动作由程序段控制，程序段由一组指令组成，这类指令包括准备功能 G 指令、辅助功能 M 指令、刀具功能 T 指令、主轴功能 S 指令以及进给功能 F 指令等。

5.3.5.1 数控程序格式

一个完整的零件加工程序由程序编号、程序内容和程序结束三部分组成，程序必须按规定格式书写，包含各种指令和数据，对应零件的加工过程。下面以某一个零件的加工程序为例进行说明：

```
O0001
N0005    T0101
N0010    G00 X40 Z3 S400 M03
N0015    G01 X30 Z-30 F0.2
```

程序编号

程序内容

......

N0100　　M30　　　　　　　　　　　　　　　　　　　　　　　　程序结束

（1）程序编号

程序编号是程序的开始部分，相当于程序文件名，用来区别存储器中的程序。每个程序都应该有程序编号，程序编号的范围为 0000～9999，在编号前面必须加注程序编号地址码，不同的数控系统，其程序编号地址码也不同，如 FANUC6 系统采用字符"O"，其他数控系统可采用的程序编号地址码有"%""P"":"等。

（2）程序内容

程序内容是整个程序的核心部分，由若干程序段组成，每个程序段由一个或多个指令组成，控制数控机床的具体加工过程。程序段必须以一定的格式书写，不同数控系统的程序格式往往不同，所以编程时必须按数控系统要求的格式编写程序段，否则会产生出错报警，导致运行停止。常见的程序段格式有固定顺序格式、分隔符顺序格式和字地址格式三种。

对应上述加工程序，程序段由若干部分组成，各部分称为程序字，每个程序字均由一个英文字母和其后的数字组成。英文字母称为地址码，这种形式的程序段称为字地址格式，是目前常用的程序段格式。

数据程序中常用的地址码如表 5.1 所示。

表 5.1　数控程序中常用的地址码

功能	地址码	说明
程序号码	O	数控程序编号
程序段序号	N	程序段序号
准备功能	G	控制数控机床运动方式的指令
尺寸字	X、Y、Z、U、V、W、A、B、C 等	沿各个坐标轴移动和转动的指令
	R	圆弧半径或圆角半径
	I、J、K	从始点到圆弧中心的距离
进给功能	F	指定进给速度或螺纹螺距
主轴转速功能	S	指定主轴的转速
刀具功能	T	指定刀具编号和刀具补偿编号
辅助功能	M	指定机床的辅助动作
程序段结束	LF 或 CR "＊"或";"	当使用 ISO 标准代码时，程序段结束符用 LF 表示；当使用 EIA 标准代码时，程序段结束符用 CR 表示；某些数控系统，程序段结束符用符号"＊"或";"表示

程序段通常以如下形式给出：

N-G-X-Y-Z-F-S-T-M-LF

程序段的开头是程序段序号，由地址码 N 后跟 1～4 位数字组成，范围也是 0000～9999，为了能在修改程序时随时插入一些程序段，程序段序号一般不按自然顺序编写，而是采用跳写的方法,如上例中的 N0005、N0010、N0015 等。

（3）程序结束

通常用程序结束指令 M30 或 M02 来结束程序。M30 表示结束当前程序并自动返回刚执行程序的起始点,无须人工调用或查找。M02 表示结束全部程序,机床的主轴、进给、冷却等系统也全部停止,机床复位,因此,该指令必须出现在最后一个程序中。

■ 5.3.5.2　数控程序常用指令代码

在数控加工中,主要用到准备功能 G 指令、辅助功能 M 指令、进给功能 F 指令、主轴功能 S 指令和刀具功能 T 指令。

（1）准备功能 G 指令

准备功能 G 指令是控制数控机床建立某种加工方式的指令,为插补运算、刀具补偿、固定循环等做好准备。G 指令也用来进行刀具和工件的相对运动轨迹规定、机床坐标系和坐标平面建立、刀具补偿和坐标偏置等多种加工操作。G 指令由地址符 G 和其后的两位数字组成,共 100 种(G00~G99)。

准备功能有两种代码:一种是模态代码,一旦指定将一直有效,直到被另一个模态代码取代;另一种是非模态代码,只在本程序段中有效。

目前国际上广泛采用 ISO 1056—1975 标准的 G、M 指令,我国机械工业部制定的标准 JB/T 3208—1999 与国际标准等效。表 5.2 是常用准备功能 G 指令。

表 5.2　常用准备功能 G 指令

G 代码	功能	G 代码	功能
G00	快速移动点定位	G42	刀具半径右补偿
G01	直线插补	G43	刀具位置补偿（正）
G02/G03	顺/逆时针圆弧插补	G44	刀具位置补偿（负）
G17	X、Y 平面选择	G54~G59	工件坐标系设定
G18	Z、Y 平面选择	G81~G89	钻孔、攻丝、镗孔
G19	Y、Z 平面选择	G90	绝对坐标编程
G40	取消刀具补偿或刀具偏置	G91	相对坐标编程
G41	刀具半径左补偿	G92	坐标值预值

（2）辅助功能 M 指令

辅助功能 M 指令主要用来控制机床加工时的辅助动作,如指定主轴的旋转方向、启动、停止,冷却液的开关,工件或刀具的夹紧和松开,刀具的更换等功能。辅助功能 M 指令由地址符 M 和其后的两位数字组成,也是共 100 种(M00~M99)。

表 5.3 是常用准备功能 M 指令。

表 5.3　常用准备功能 M 指令

M 代码	功能	M 代码	功能
M00	程序停止	M10/11	夹紧/松开
M01	计划停止	M15/16	正/负运动
M02	程序结束	M19	主轴定向停止
M03/04	主轴顺/逆时针方向旋转	M20~M29	永不指定
M05	主轴停止	M30	纸带结束
M06	换刀	M36/37	进给范围 1/2
M08	冷却液开	M38/39	主轴速度范围 1/2
M09	冷却液关	M60	更换工件

需要说明的是,每个厂家使用的 G 指令和 M 指令与 ISO 标准不一定相同,编程时应严格按照具体机床的编程手册进行。

(3)进给功能 F 指令

进给功能 F 指令用于控制切削进给量。进给量根据零件的加工精度、表面粗糙度,刀具、工件的材料选择,最大进给量受机床刚度和进给系统的性能限制,并与脉冲当量有关。当精度要求较高时,进给量应选小一些,在程序中,有以下两种使用方法:

①每转进给量:F 后面的数字表示的是主轴每转进给量,单位为 mm/r。

编程格式 G95 F~

例:G95 F0.2 表示进给量为 0.2 mm/r。

②每分钟进给量:F 后面的数字表示的是每分钟进给量,单位为 mm/min。一般在 20～50 mm/min 选取。

编程格式 G94 F~

例:G94 F40 表示进给量为 40 mm/min。

(4)主轴功能 S 指令

主轴功能 S 指令用来控制机床主轴的转速或速度。S 后面跟着的数字表示主轴转速,单位为 r/min。对于具有恒线速度功能的数控机床,S 指令用来指定切削加工的线速度,单位为 m/min。

例:S800,表示主轴的转速为 800 r/min。

(5)刀具功能 T 指令

刀具功能 T 指令用来指定刀具号和刀具补偿号。T 后面可以跟两位数字或四位数字,即 T×× 和 T×××× 两种格式,两位数或前两位数用来指定刀具号,后两位数用来指定刀具长度补偿号和刀尖圆弧半径补偿号。

例:T03 表示选择 3 号刀;T0303 表示选择 3 号刀并调用 3 号刀具的补偿参数进行刀具长度补偿和刀尖圆弧半径补偿。

5.3.6　数控手工编程实例

数控加工程序一般分为三部分:程序开始、程序部分和程序结束。程序开始包括程序号定义、零件加工坐标系建立、加工刀具定义、主轴启动、切削液的开启等。程序部分是全程序的主要部分,可以调用子程序,采用程序循环等功能,零件加工的全过程都在这里体现。程序结束一般包括要求刀具返回起刀点、停止主轴、关掉切削液、结束程序等动作。数控程序和设备复位回到加工前的状态,也是为下一次程序运行和数控加工做准备。

例 1:如图 5.8 所示,用 $\Phi 8$ 的铣刀,加工距离工件上表面 3 mm 深凹槽。

（1）根据零件图样要求、毛坯及前道工序加工情况,确定加工工艺过程。

①以已加工过的底面为定位基准,用通用台虎钳夹紧工件前、后两侧面,将台虎钳固定于铣床工作台上。

②确定工艺路线。如图 5.8 所示,以零件上表面的左下角为工件坐标系的原点。对刀点为距原点正上方 50 mm 处。一次深切 3 mm 完成凹槽加工。

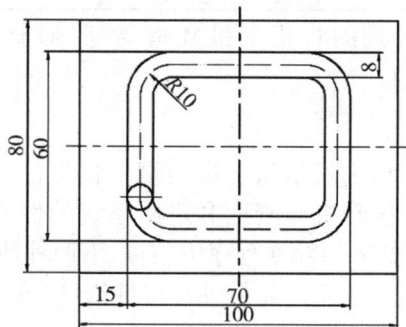

图 5.8　工件凹槽铣削（单位:mm）

（2）程序编制:

O1100　程序号

N010 G54 X0 Y0 Z50　建立工件坐标系

N020 M03 S500　主轴正转,转速 500 r/min

N030 G00 X19 Y24　快速进给至 $X=19,Y=24$

N040 Z5　Z 轴工进至 $Z=5$

N050 G01 Z-3 F40　直线插补至 $Z=-3$,进给速度 40

N060 Y56　沿 Y 轴进至 $Y=56$

N070 G02 X29 Y66 R10　顺时针圆弧插补,圆心 $X=29,Y=66$,半径为 10

N080 G01 X71　沿 X 轴进至 $X=71$

N090 G02 X81 Y56 R10　顺时针圆弧插补,圆心 $X=81,Y=56$,半径为 10

N0100 G01 Y24　沿 Y 轴进至 $Y=24$

N0110 G02 X71 Y14 R10　顺时针圆弧插补,圆心 $X=71,Y=14$,半径为 10

N0120 G01 X29　沿 X 轴进至 $X=29$

N0130 G02 X19 Y24 R10　顺时针圆弧插补,圆心 $X=19,Y=24$,半径为 10

N0140 G00 Z50　Z 轴快移至 $Z=50$

N0150 X0 Y0　快移至 $X=0,Y=0$

N0160 M30　主程序结束

例 2：用直径为 8 mm 的立铣刀，铣削加工如图 5.9(a)所示的零件。

(1)根据零件图样的要求、毛坯及前道工序加工情况，确定加工工艺过程。

①以已加工过的底面为定位基准，用通用台虎钳夹紧工件前、后两侧面，将台虎钳固定于铣床工作台上。

②确定工艺路线。如图 5.9(b)所示，采用行切法，刀心轨迹 A→B→C→D→E 作为一个循环单元，反复循环多次，因此采用子程序调用功能使加工程序模块化，简化加工程序，减少编程工作量，方便加工调试。设图示零件上表面的左下角为工件坐标系的原点。对刀点在距原点正上方 20 mm 处。

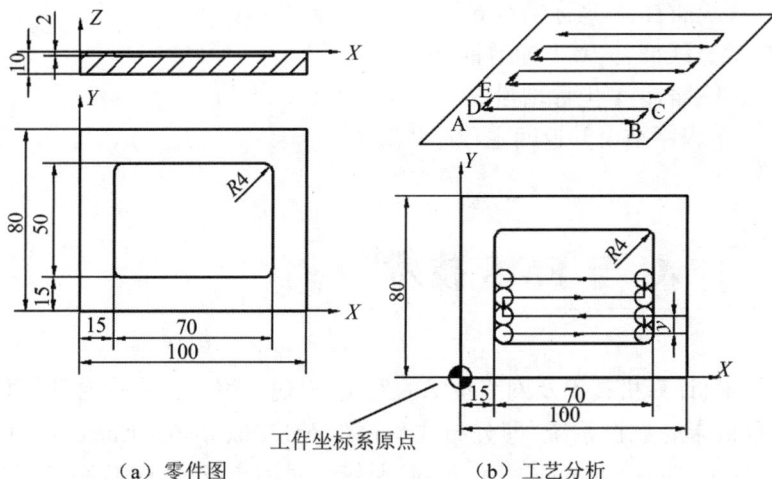

（a）零件图　　　（b）工艺分析

图 5.9　工件型腔铣削(单位：mm)

(2)计算刀心轨迹坐标、循环次数及步进量(Y 方向)。

如图 5.9(b)所示，设循环次数为 n，Y 方向步距为 y，步进方向槽宽为 B，刀具直径为 d，则各参数关系如下：

循环 1 次　铣出槽宽 $y+d$

循环 2 次　铣出槽宽 $3y+d$

循环 3 次　铣出槽宽 $5y+d$

　　⋮

循环 n 次　铣出槽宽 $(2n-1)y+d=B$

根据图纸尺寸的要求，$B=50$，$d=8$，代入式 $(2n-1)y+d=B$，即 $(2n-1)y=42$

取 $n=4$，得 $y=6$。

(3)编制加工程序：

O1100　程序号

N010 G90 G92 X0 Y0 Z20　使用绝对坐标方式编程，建立工件坐标系

N020 G00 X19 Y19 Z2 S800 M03　快速进给至 $X=19$，$Y=19$，主轴正转，转速 800 r/min

N030 G01 Z-2 F100　Z 轴工进至 $Z=-2$

N040 M98 P1010 L3　循环调用子程序 O1010 三次

N050 G91 G01 X62 F100　使用相对坐标方式编程，直线插补，X 坐标增量 62

N060 Y6　直线插补,Y 坐标增量 6

N070 X-62　直线插补,X 坐标增量-62

N080 G90 G00 Z20　Z 轴快移至 $Z=20$

N090 X0 Y0 M05　快速进给至 $X=0$,$Y=0$,主轴停

N100 M30　主程序结束

O1010　子程序号

N010 G91 G01 X62 F100　使用相对坐标方式编程,直线插补,X 坐标增量 62

N020 Y6　直线插补,Y 坐标增量 6

N030 X-62　直线插补,X 坐标增量-62

N060 Y6　直线插补,Y 坐标增量 6

N070 M99　子程序结束并返回主程序

◈ 5.4　DNC 与 FMS 技术

随着数控技术、计算机技术及网络技术的发展,出现了用一台或多台计算机数控装置进行集中控制多台机床的数控系统,即分布式数控(DNC,Distributed Numerical Control)系统,也称直接数控(DNC,Direct Numerical Control)系统。对用户来说,DNC 系统将多种通用的物理和逻辑资源进行整合,将数控加工车间作为一个统一的整体管理,从而实现加工任务的动态分配。

随着计算机技术的飞速发展以及数控机床的普及,机械加工具有了更大的灵活性,更适合中小批量和多品种零件的生产。为实现多品种、小批量零件生产的自动化,基于若干台计算机数控机床和一台工业机器人协同工作,构成柔性制造单元(FMC,Flexible Manufacturing Cell),以便加工一组或几组结构形状和工艺特征相似的零件。在 FMC 的基础上,辅以一个物流自动化系统,将若干 FMC 或工作站连接起来实现更大规模的加工自动化,就构成了柔性制造系统(FMS,Flexible Manufacturing System)。

5.4.1　DNC 技术

◈ 5.4.1.1　DNC 基本概念

DNC 系统以计算机技术、通信技术、数控技术为基础,将数控机床与上层控制计算机集成,实现了对数控机床的集中控制和管理,便于数控机床与上层控制计算机之间的信息交换。DNC 系统经历了三个发展阶段:20 世纪 60 年代,DNC 系统是直接数控(Direct Numerical Control)系统,又叫群控系统,是将若干台数控设备直接连接在一台中央计算机上,由中央计算机负责数控程序的管理和传输,可以根据需要直接将程序传送给对应的数控机床;20 世纪 70 年代,DNC 系统发展成分布式数控(Distributed Numerical Control),将数控

编程和生产管理计算机与多个数控系统构成分布式系统,实施分级控制,数控计算机直接控制生产机床并与 DNC 系统主机进行信息交互,实现用一台计算机控制多台数控机床,使 DNC 的含义由直接数控变为分布式数控;20 世纪 80 年代,DNC 系统发展成柔性 DNC (FDNC,Flexible Distributed Numerical Control) 系统,FDNC 系统不仅用计算机来管理、调度和控制多台数控机床,还与 CAD/CAPP/CAM、物料输送和存储、生产计划与控制相结合,形成了柔性分布式数控系统。

5.4.1.2　DNC 系统的主要功能

现代 DNC 技术为实现数控机床与企业局域网之间的直接通信和产品加工信息的快速传递提供了技术支持,可有效提高数控加工质量,并提升车间的管理水平。基于 DNC 技术的系统主要具有以下功能和特点:

(1)数控程序的上传、下传、存储和管理。基于某种通信协议(如 Philip532 等),数控程序可以从机床端自动上传到计算机中,计算机会自动地为收到的程序文件命名;机床操作者可以从机床端向计算机发送文件请求命令,调用计算机内的数控程序,实现数控程序的双向传输。

(2)支持多台数控机床的并行在线加工。按照数控机床控制系统的内存空间大小,可将数控程序的执行方式分为两种:一种是先将数控程序输入机床,然后调出程序执行;另一种是先将机床与计算机连接,用机床的内存作为存储缓冲区,一边由计算机传送数控程序,一边由机床执行数控程序,这种加工方式称为机床在线加工。现代 DNC 系统可以根据工序计划,自动分配数控程序及数据到相应机床,同时支持多台机床的在线加工。

(3)支持子程序在线调用。现代 DNC 系统支持计算机中数控子程序的自动在线调用,完成在线加工。

(4)传输距离不受限制。得益于基于网络的通信技术,操作者可通过互联网完成对数控程序的传输与管理工作,查看车间内任一台机床的当前工作状态,实现机床状态的采集与上报,不受传输距离远近的限制。

(5)支持断点续传功能。断点续传是指数控程序被中断后,不必从程序的开始再次运行,而是根据需要从程序的某行或某一坐标点重新开始执行。例如,加工过程中发现刀具磨损,操作者停机换刀后,可继续加工过程。

5.4.1.3　DNC 系统的组成结构

DNC 系统的具体结构与系统的规模有关,用户可根据工厂的自动化程度、系统信息流的分配、加工对象的工艺要求、系统目标等来确定 DNC 系统的组成。一般来说,DNC 系统是一种分级分布式控制系统,其一般结构如图 5.10 所示。底层的作用主要面向应用,用于完成规定的特殊任务,顶层的作用是控制与协调整个系统。

DNC 系统由软件和硬件组成。硬件包括控制计算机、数控机床、通信线路、外存储器等。数控机床的控制系统还应具有 RS232 等接口设备,为计算机直接控制数控机床提供必要的硬件环境。软件主要涉及通信、生产管理、零件数控自动编程等方面,包括实时多任务操作系统、DNC 通信软件、DNC 管理和监控软件、NC 程序编辑软件和 DNC 接口管理软件等。

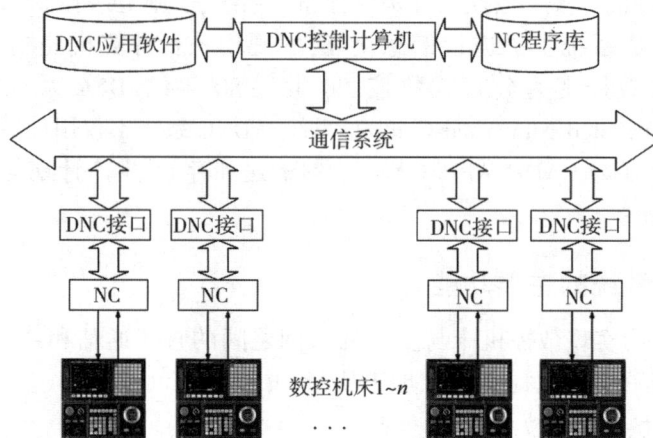

图 5.10　DNC 系统的一般结构

5.4.2　柔性制造系统

柔性制造系统（FMS）是指在成组技术的基础上，以多台数控机床或多组柔性制造单元为核心，通过自动化物料储运系统将其连接，统一由主控计算机和相关软件进行控制和管理，能适应加工对象变化的自动化制造系统。为满足零件多样化的需求，降低个性化、小批量零件的制造成本，产生了柔性制造单元 FMC 和柔性制造系统 FMS 技术。

柔性是指制造系统适应生产条件变化的能力，即制造系统满足新产品要求的能力。FMS 的柔性表现在机器柔性、工艺柔性、产品柔性、生产柔性、维护柔性和扩展柔性等方面。

FMS 的工艺基础是成组技术，按照成组的加工对象确定工艺过程，选择相适应的数控加工设备和工件、工具等物料储运系统，并由计算机进行控制，所以能自动调整并实现一定范围内多种工件的成批高效生产，即具有柔性，能及时改变产品以满足市场需求，适用于多品种、形状复杂、加工工序多、中小批量零件的生产。一般地，一个典型的 FMS 包含以下功能结构。

📦 5.4.2.1　计算机控制系统

计算机控制系统用以处理柔性制造系统的各种信息，控制 CNC 机床和物料储运系统的自动操作，具有机床控制、生产控制、运输控制、工件运输监控、刀具监控等职能。

FMS 计算机控制系统的结构组成形式多样，一般采用群控方式的递阶结构。第一级为各个工艺设备的计算机数控装置（CNC），控制各自的加工过程；第二级为群控计算机，负责把来自第三级计算机的生产计划和数控指令等信息，分配给第一级中有关设备的数控装置，同时把它们的运转状况信息上报给上级计算机；第三级是 FMS 的主计算机（控制计算机），其功能是制订生产作业计划，实施 FMS 运行状态的管理和各种数据的管理；第四级是全厂的管理计算机。

5.4.2.2　系统软件

系统软件用以确保柔性制造系统有效地适应中小批量零件的多品种生产管理、控制及优化工作,包括设计规划软件、生产过程分析软件、生产过程调度软件、系统管理和监控软件等。

性能完善的软件是实现柔性制造的基础。除支持计算机工作的系统软件外,FMS更多需要的软件是根据使用要求和用户经验所发展的专门应用软件,典型的有:控制软件,用于控制机床、物料储运系统、检验装置和监视系统等;计划管理软件,用于调度管理、质量管理、库存管理、工装管理等;数据管理软件,用于仿真、检索和各种数据库管理等。

5.4.2.3　加工系统

FMS的加工系统所采用的设备由待加工工件的类别决定,主要由加工中心或柔性制造单元(FMC)、数控机床和其他加工设备组成,主要完成车、铣、磨及齿轮加工等加工任务,还可自动完成多种工序的加工。根据预期的生产性质,FMS中的机床有互补和互替两种配置原则。互补是指在系统中配置有完成不同工序的机床,一个工件顺次通过这些机床完成加工;互替是指在系统中配置有相同的机床,以免整个系统因某机床故障而停工。FMS的加工系统支持磨损刀具可以从刀库中取出并逐个更换,也支持由备用的子刀库取代装满待换刀具的刀库。车床卡盘的卡爪、特种夹具和专用加工中心的主轴箱也可以自动更换。

5.4.2.4　物料储运系统

物料储运系统包括运送工件、刀具、冷却、润滑等加工过程所需物料的搬运装置及装卸工作站,用以实现工件及工装夹具等物料的自动供给和装卸,完成物料在工序间的自动传送、调运和存储工作。物料储运系统是柔性制造系统的重要组成部分。物料储运系统搬运的物料包括毛坯、工件、刀具、夹具、检具和切屑等。常用的运输装置包括各种传送带、有轨和无轨小车、专用起吊运送机以及工业机器人等。物料的储存可以用平面布置的托盘库,也可以用储存量较大的桁道式立体仓库。

毛坯一般先由工人装入托盘上的夹具中,并储存在自动仓库中的特定区域内,然后由自动搬运系统根据物料管理计算机的指令送到指定的工位。自动搬运系统有固定轨道式台车和传送滚道两种形式,适用于按工艺顺序布置设备的柔性制造系统。自动引导台车搬送物料的FMS则与设备排列位置无关,具有较大的灵活性。

在FMS中,工件和夹具的存储仓库多为立体仓库,由仓库计算机进行控制和管理,记录在库货物的名称、货位、数量、重量等内容;接收中央计算机的出、入库指令,控制堆垛机和输送车的运动。在各设备之间的输送路线以直线往复式居多,多采用有轨小车和无轨小车(AGV)输送。小车上有托盘交换台,工件放在托盘上,托盘由交换台推上机床的工作台,以便对工件进行加工;加工好的工件连同托盘回到小车的交换台上,送至装卸工位卸下并装上新的待加工件。工业机器人可在有限的范围内为1~4台机床输送和装卸工件,在轨道上行走的工业机器人,可以同时完成工件的传送和装卸。较大的工件则常利用托盘自动交换装置(APC)来传送。

切屑运送和处理系统是保证 FMS 连续正常工作的必要条件，一般根据切屑的形状、排除量和处理要求来选择经济的运送方案。

刀具系统一般设有中央刀库，由工业机器人在中央和各机床的刀库之间进行输送和交换。刀具必须标准化和系列化，并有较长的使用寿命。FMS 应有监控刀具当前位置、刀具使用寿命和刀具故障的功能，以便及时更换刀具。

总之，柔性制造技术是集数控技术、计算机技术、机器人技术以及现代生产管理技术于一体的先进制造技术。FMS 可有效满足多品种、中小批量零件的生产要求，已成为机械制造业一个重要的发展趋势。作为一种高效率、高精度的制造系统，FMS 目前主要应用于汽车、飞机、机床以及某些家用电器行业，实现了装夹、测量、工况监测和质量控制等功能的自动化，大大提高了设备的利用率，保证了产品的加工质量。

5.4.3　柔性制造单元

柔性制造单元 FMC 的问世要比 FMS 晚，一般由 1~2 台数控机床、加工中心、工业机器人、物料传送装置等组成，单元内的机床在工艺能力上可以互相补充，可混流加工不同的零件，具有适应加工多品种产品的灵活性，有独立的工件储存站和单元控制系统，能在机床上自动装卸工件，甚至自动检测工件，可实现有限工序的连续生产，适用于加工形状复杂、加工工序简单、加工工时较长、批量小的零件。

FMC 具有对外接口，可组成 FMS，其本身也可视为一个规模最小的 FMS，是 FMS 向廉价化及小型化方向发展的一种产物，也是多品种、小批量生产中机械加工系统的基本构成单元。其特点是可以实现单机柔性化及自动化，具有较大的设备柔性，迄今已进入普及应用阶段。

FMC 和 DNC 不同的是，DNC 重视的是信息的自动化程度，而 FMC 强调的是加工过程的自动化程度。

柔性制造单元 FMC 具有以下基本功能：

（1）自动化加工功能

在柔性制造单元中，必须有完成自动化加工的设备（如以车削为主的车削柔性制造单元，以钻、镗削为主的钻镗柔性制造单元等），同时还可以完成其他加工（如车削柔性制造单元中可以有端铣或钻削、攻螺纹加工等），这些加工设备均由计算机控制，可自动完成加工。

（2）物料传输、存储功能

这是柔性制造单元与单台 NC 或 CNC 机床的显著区别之处。柔性制造单元配备有运送和存储物料所需的在制品库、物料传输装备及工件装卸交换装置，并具有刀具库和换刀装置。

（3）自动检验、测量和监视等功能

此功能可以实现刀具检测、工件在线测量、刀具破损（折断）或磨损检测、机床保护监视等。

（4）单元加工的其他功能

单元加工的其他功能包括清洗、检验、切屑处理等。

　　FMC 既可以作为 FMS 的基础,也可以作为独立的自动化加工设备。由于 FMC 自成体系、占地面积小、成本低且功能完善、加工适用范围广,故可称其为小型柔性制造系统。

📖 思考与练习题

　　1. 简述数控技术的概念。

　　2. 简述数控机床的组成和种类。

　　3. 点位控制系统和轮廓控制系统有何区别?

　　4. 简述数控机床的特点、功能及应用范围。

　　5. 简述数控编程的概念与内容。

　　6. 简述数控加工程序的格式与主要指令代码。

　　7. 简述数控编程的一般步骤。

　　8. 简述 DNC 的概念与主要功能。

　　9. 什么是 FMS? 它由哪些部分组成?

第6章
计算机辅助数控加工过程仿真

6.1 Pro/NC 辅助加工概述

Pro/E Wildfire 作为一个集成化的 CAD/CAE/CAM 软件,提供了功能强大的自动图像编程技术。该功能由软件中的 Pro/NC(制造)模块来完成。该模块能进行生产过程规划,并将生产过程规划与设计造型连接起来。它采用参数化的方法定义数控路径,对模型进行加工和后置处理,生成能够驱动机床运动的数控程序,同时还可以使用图形技术对加工过程进行显示,用不同的颜色代表刀具路径、刀具、夹具等不同部分,仔细观察加工过程的每一步,并根据显示结果及时做出修改,得到最合理的加工方式。这样极大地缩短了加工的时间,提高了工作效率。

Pro/NC 模块中包括表 6.1 中所列出的各种加工方式,能够完成数控车床、数控铣床、数控电火花、加工中心等加工。本章将主要以铣床和车床加工为例说明使用 Pro/E Wildfire 软件进行自动编程的过程。

表 6.1 Pro/NC 模块及其应用范围

模块名称	应用范围
Pro/NC-MILL	两轴半铣床加工 三轴铣床及钻孔加工
Pro/NC-TURN	两轴车床及钻孔加工 四轴车床及钻孔加工
Pro/NC-WEDM	两轴及四轴电火花加工
Pro/NC-ADVANCED	两轴半至五轴铣床及钻孔加工 两轴及四轴车床及钻孔加工 铣床、车床加工中心加工 两轴及四轴电火花加工

◈ **6.2 Pro/NC 工作界面及基本概念**

Pro/NC 是 Pro/E 软件中用于计算机辅助数控加工的模块,能够生成驱动数控加工零件所必需的数据和信息,可以实现数控车削、铣削、线切割等加工的全过程仿真。由于 Pro/E 具有强大的三维造型能力,各个模块之间是无缝连接和切换的,因此,选择 Pro/E 进行计算机辅助数控加工无疑是极佳的选择。

6.2.1 Pro/NC 工作界面

启动 Pro/E 软件后,选择"文件"→"新建"命令,打开如图 6.1 所示的新建对话框,在"类型"栏中选择"制造"项,在"子类型"栏中选择"NC 组件"项,可以取消"使用缺省模板"复选框的勾选,单击"确定"按钮后,打开如图 6.2 所示的新文件选项对话框,选择最下方的公制模板"mmns_mfg_nc"项,单击"确定"按钮后,即可进入如图 6.3 所示的 Pro/NC 工作界面。

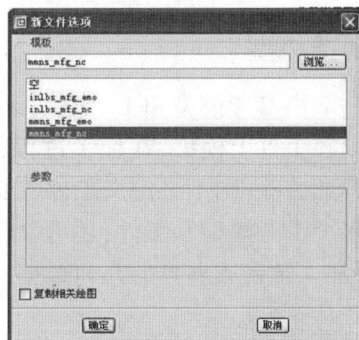

图 6.1 新建对话框   图 6.2 新文件选项对话框

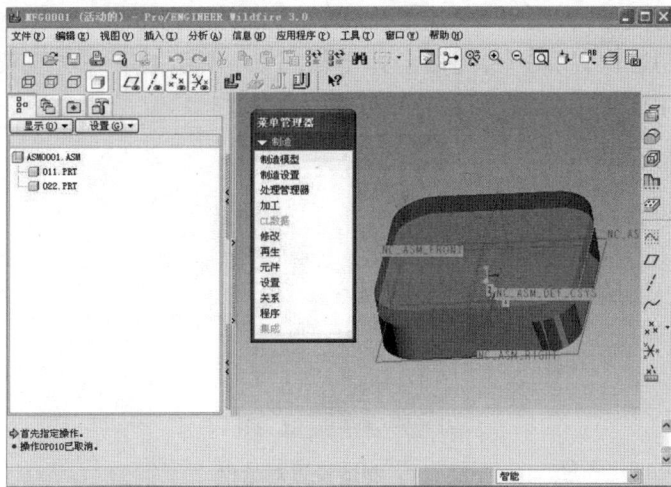

图 6.3 Pro/NC 工作界面

129

6.2.2　Pro/NC 基本概念

6.2.2.1　参考模型

参考模型即毛坯加工后成品零件的三维实体模型——设计模型，它是所有制造操作的基础，也称零件模型。参考模型可以在零件造型模块中生成，也可以在 Pro/NC 模块中直接创建。在参考模型上可以选取特征、曲面和边作为刀具轨迹的参照，所以在加工前，首先必须依据零件的几何尺寸准确地建立设计模型。

6.2.2.2　工件

工件即工程上所说的毛坯模型，是根据设计模型的几何形状选定的进行加工的对象模型，如铸件和杆件等。原则上，工件的形状是任意的，但在实际加工中，要根据加工工艺和设计成本的要求对工件的形状进行合理的设计。在 Pro/NC 模块中，通常采用复制模型、修改尺寸、删除/隐藏特征的方法来获得工件。工件也是一个零件，任何适用于其他零件的修改和重定义操作同样适用于工件。

6.2.2.3　制造模型

制造模型一般由参考模型和工件通过装配关系组合而成。随着加工进程的推进，材料的切削过程可以在工件上模拟，在加工过程结束时，工件与参考模型的几何尺寸达到一致。如果不涉及材料的去除，则不必定义工件。制造模型的复杂程度是由加工需要决定的，制造模型可以包括多个参考模型和工件，还可以包括其他必要的元件。例如，考虑刀具与其他设备的干涉时，要加入转台或夹具的几何数据。

6.2.2.4　制造设置

制造设置（Mfg Setup）是指在进行刀具轨迹数据规划前对加工操作环境的设置，包括操作环境设置数据所规划的各项名称、加工机床、坐标系、退刀平面、刀具、夹具等相关数据。在菜单栏上单击"制造设置"命令，随后会弹出如图 6.4 所示的下一层级菜单。单击各个命令可分别设置相应内容。

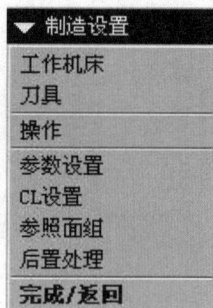

图 6.4　制造设置对话框

6.2.2.5　操作

操作(Operation)是在同一个机床上执行,并使用相同的特定坐标系用于 CL(Cutter Lo-cation)数据输出的一个或多个 NC 序列。因此,必须先设置操作,然后才可以开始创建 NC序列。操作包含操作名称、使用的机床、CL 数据产生和输出的坐标系、退刀曲面、制造参数等信息特征。在创建了一个操作之后系统将一直激活该操作,直到创建或激活另一个操作为止。

6.2.2.6　NC 序列

NC 序列(NC Sequence)是表示每个刀具路径的加工特征。刀具路径由"自动切削"运动(即实际切削工件材料时的刀具运动、进刀、退刀、连接移动)、附加 CL 命令和后处理器三部分组成。

NC 序列设置包括序列名称、刀具、制造参数、序列坐标系、退刀曲面等内容。这些参数一旦设置将一直有效,直到重新修改相关的数据。通常,必须为每个特定 NC 序列指定切削几何并调整制造参数。如果在完成序列设置前选择了"定制(Customize)",系统将自动调用适当的界面,帮助用户完成设置。

6.2.2.7　退刀面

退刀面是指切削后刀具要退回到的水平面。在实际加工中,为了防止刀具轨迹在不同加工区域之间移动时与工件或其他加工设备发生碰撞,需要对退刀面进行规划设计。根据加工需要,可指定退刀面为平面、圆柱面、球面或定制曲面。可在操作级上指定退刀面,如果有需要,可在 NC 序列级上修改。

定义操作退刀面,刀具将沿该曲面从一个序列的终止点横移到下一序列的起始点。退刀面设置是模态的,即在指定后,只要适用于 NC 序列类型,对所有随后的 NC 序列都保持不变,直到改变它为止。

6.3　Pro/NC 加工仿真流程

在 Pro/NC 中,加工过程设置流程与实际加工的思维逻辑相似,如图 6.5 所示。加工过程设置流程依次为:首先创建加工所需要的参考模型与工件,并使用装配的方法把它们装配在一起,生成加工所需的制造模型;根据要加工的零件表面设置操作,选择合适的加工机床、刀具和夹具等,即进行加工环境的设置;在操作数据设置好之后,便可进行加工工序的具体定义,此时应根据实际的加工选择合适的走刀方式、设置相关的参数,系统根据选择的走刀方式自动计算出加工刀具的轨迹,并生成刀位文件;但刀位文件不能直接用来驱动机床进行数控加工,因此必须进行后置处理,后置处理时要根据所使用的机床,选择对应的后置处理程序,从而生成能够应用于生产的数控加工程序;最后将此程序传输到数控机床,完成实际的加工操作。

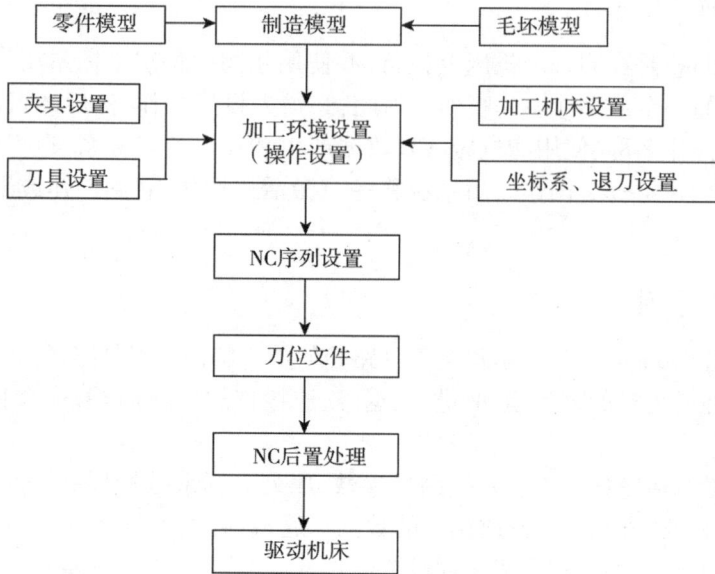

图 6.5　加工过程设置流程

6.3.1　加工过程设置

Pro/NC 模块中提供了非常多的零件加工方法和相对应的数控加工参数。下面以平面铣削为例介绍生成 NC 序列的相关过程设置。

🔷 6.3.1.1　制造设置

在生成加工 Pro/NC 序列前,需要对加工的操作环境进行设置。

创建参照模型与工件,装配生成加工所需的制造模型之后,选择菜单管理器中"加工"项,系统打开操作设置对话框,如图 6.6 所示。在操作设置对话框中,可以对操作名称、NC机床、夹具、加工零点和退刀、曲面等基本数据进行设置。

图 6.6　操作设置对话框

操作名称默认的格式为"OP010""OP020"等,数字是由系统自动递增的,亦可由用户在文本框中输入自定义的操作名称。

（1）定义加工机床

单击如图 6.6 所示的"NC 机床"项右侧的 ▶ 按钮，系统弹出如图 6.7 所示的机床设置对话框，在此对话框中可以设置机床名称、机床类型、轴数及切削刀具等加工参数。其中"输出"选项卡用于设置后处理器及 CL 命令；"主轴"选项卡用于设置刀具主轴的最大转速及功率；"进给量"选项卡用于设置机床快速进刀的速度与单位；"切削刀具"选项卡用于设置刀具参数；"行程"选项卡用于设置机床 X、Y、Z 轴的最大和最小行程；"定制循环"选项卡用于加工中循环的设置；"注释"选项卡用于对工作机床的设置进行相关的说明。

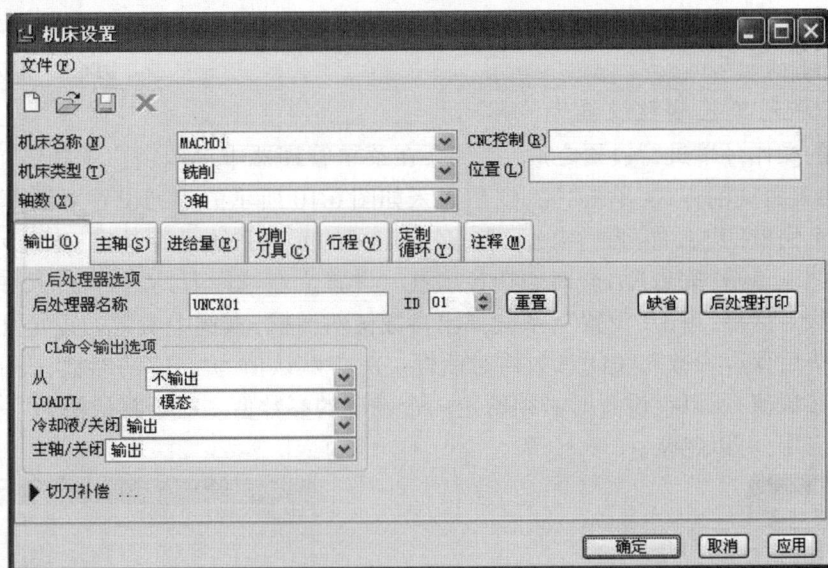

图 6.7 机床设置对话框

（2）定义加工零点

首先利用如图 6.3 所示的菜单栏中的"插入"→"模型基准"→"坐标系"命令创建制造坐标系，注意调整新建坐标系 ACSO，使其方位和机床坐标系的规定一致。然后单击"加工零点"右侧的箭头，系统会提示用户选择制造坐标系。选择新建坐标系 ACSO，即可获得如图 6.8 所示的建立制造坐标系后的制造模型。

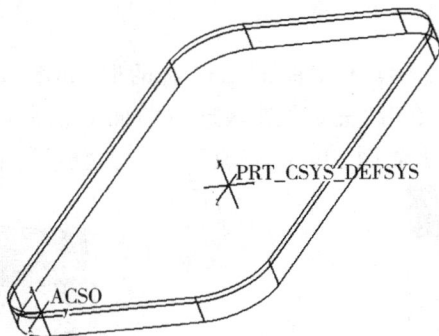

图 6.8 建立制造坐标系后的制造模型

（3）创建退刀曲面

当在多个区域间加工时，每完成一个区域，刀具需要退离工件一定高度，移动到下一区域再进刀加工。退刀曲面定义了刀具一次切削后所退回的位置。退刀曲面可以是平面或球面、圆柱面等，其具体的形状与位置由加工工艺的需要决定。单击"退刀曲面"右侧的箭头，系统弹出如图 6.9 所示的退刀选取对话框，本例中选取"沿 Z 轴"中"输入 Z 深度"为 2 的方式创建退刀曲面。

图 6.9　退刀选取对话框

6.3.1.2　创建 NC 序列

（1）NC 序列工艺参数设置

对加工的操作环境进行设置之后，系统会在菜单管理器中提示用户选择铣削加工的方式，选择三轴表面铣削方式，单击"完成"后进入如图 6.10 所示的序列设置对话框，菜单中罗列了创建一个完整的 NC 序列所需的元素，必须定义的元素系统已经选定，未选元素可以采用系统默认值。单击"完成"后会对勾选各项逐一设置。在选用刀具之后，进入如图 6.11 所示的制造参数对话框，单击"设置"，系统弹出参数树对话框，本例中参数的设定如图 6.12 所示。设定完毕后保存参数并关闭参数树对话框。对于默认值为"–1"的参数，表示系统没有提供默认的参数值，所以在设置时必须给定一个确定的参数值。对于默认值为"—"的参数，系统将不会启用，可以忽略。

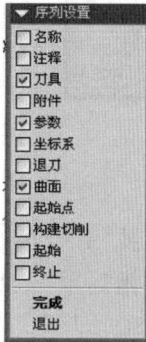

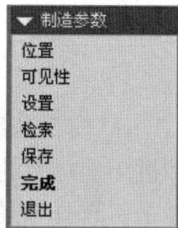

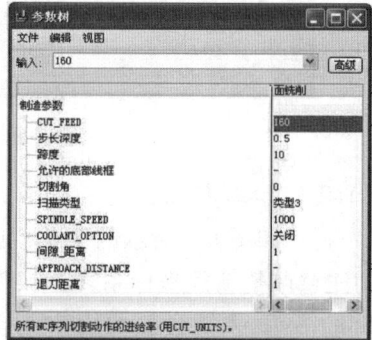

图 6.10　序列设置对话框　　图 6.11　制造参数对话框　　图 6.12　参数树对话框

（2）加工面设置

在工艺参数设置完成后，系统弹出曲面拾取对话框，如图 6.13 所示，提示确定加工表面，选择对话框中"模型"项，单击"完成"进入选取曲面对话框（如图 6.14 所示），选择"添加"，用鼠标点取参考模型的上表面，单击"完成/返回"，完成平面铣削加工设置。

图 6.13　曲面拾取对话框　　　　　图 6.14　选取曲面对话框

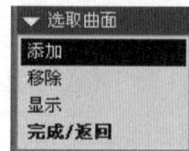

6.3.2　后置处理和加工仿真

6.3.2.1　后置处理

　　Pro/NC 生成 ASCII 格式的刀位 CL 数据文件,由刀具在完成加工过程中所经过位置的坐标值组成,该文件不能直接用来驱动数控机床进行加工,因此将刀位文件转化成特定的数控机床能够识别的数控程序的过程叫作后置处理。

　　由于数控系统没有一个完全统一的标准,不同厂家采用不同的数控代码,为了使 Pro/NC 所生成的刀位数据能够适应不同的机床,需要将不同厂商机床数控系统的设置参数都保存在选配文件中,Pro/NC 中已经配置了目前比较知名的厂家的后置处理文件,如仍不能满足用户需要,则需自行创建或修改选配文件。Pro/NC 使用的后置处理模块可以通过设置配置文件中的"ncpost_type"参数来选择,系统默认的是由 Intercim Corporation 提供的 G-Post (TM)后处理器。

　　在"制造"菜单中选择"CL 数据"命令,再选择"后置处理选项",可以对已经生成的 CL 文件进行后置处理,此时的"后置期处理选项"菜单如图 6.15 所示。单击"完成",系统弹出后置处理列表,如图 6.16 所示。选择一种后处理器,可以生成"∗.tap"格式的文件,用来进行数控加工。

图 6.15　"后置期处理选项"菜单

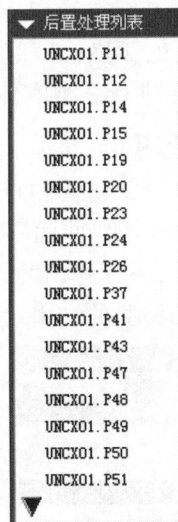

图 6.16　后置处理列表

6.3.2.2　加工仿真

　　可在 NC 序列完成之前对加工进行全仿真,从而校验刀具路径,并对模型特征与夹具的干涉进行可视化检测。Pro/NC 模块中的仿真模拟主要包括屏幕演示、NC 检测和过切检测三大部分。

　　(1)屏幕演示

　　在创建设置加工序列后,通过如图 6.17 所示的"NC 序列"菜单下的"演示轨迹"命令打开如图 6.18 所示的演示路径对话框,选择"屏幕演示"项,系统弹出如图 6.19 所示的播放路径对话框,在此对话框中选择加速、减速、前进、后退播放方式,也可以修改刀具间隙、切削刀具的放置位置等信息。单击图标按钮 ▶ 模拟刀具加工过程。

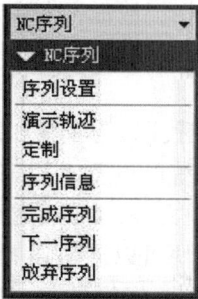

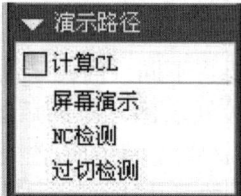

图 6.17　NC 序列对话框　　图 6.18　演示路径对话框　　　　图 6.19　播放路径对话框

（2）NC 检测

首先将如图 6.3 所示的菜单栏"工具"→"选项"中的参数"nccheck_type"的值修改为"nccheck",然后在演示路径对话框中选择"NC 检测"项,则系统弹出如图 6.20 所示的"NC 检测"菜单,其菜单中含有以下各项:设置 NC 检测的解析度;NC 检测所设置的裁剪平面;显示 NC 检测的颜色、间距和刀具查看;保存所演示的检测结果以及恢复界面设置。单击最下端的"运行"命令进行三维实体加工过程模拟。

（3）过切检测

过切检测是加工仿真的重要组成部分,单击演示路径对话框中的"过切检测"项,则系统弹出如图 6.21 所示的"曲面零件选择"菜单,提示用户选择将要进行过切检测的零件曲面。确定检测曲面后,系统弹出"过切检测"菜单,单击"运行"命令进行过切检测,在主界面及信息窗口显示过切检测的结果。

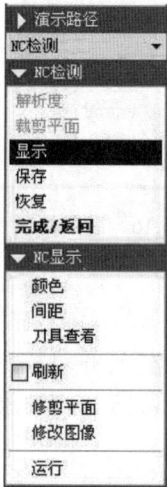

图 6.20　"NC 检测"菜单　　　　　　图 6.21　过切检测零件选择对话框

6.4　Pro/NC 加工仿真实例

6.4.1　铣削平面

平面加工主要用来加工面积较大的平面或者平面度要求较高的平面,通常使用端铣刀或盘铣刀配合适当的加工参数进行。

本实例要加工如图 6.22 所示的立方体零件模型上表面。图 6.23 和图 6.24 分别为毛坯模型和组合在一起的制造模型。

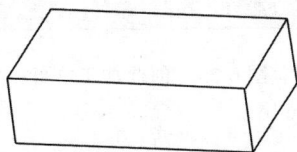

图 6.22　立方体零件模型

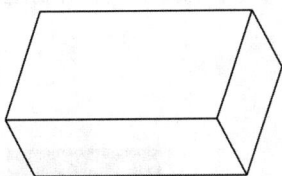

图 6.23　毛坯模型　　　　图 6.24　制造模型

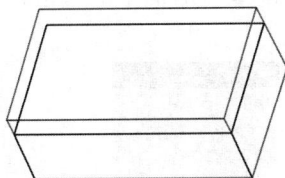

6.4.1.1　创建参考模型

使用缺省模板,创建一个文件名为“face”的零件模型,如图 6.22 所示。保存零件模型。

6.4.1.2　创建毛坯模型

使用缺省模板,创建一个文件名为“workpiece 1”的毛坯模型,如图 6.23 所示。保存毛坯模型。

6.4.1.3　创建加工文件

单击如图 6.3 所示的“文件”菜单中的“新建”命令,创建一个新的文件,文件名为“face”。在新建对话框中一定要选择文件的“类型”为“制造”,选择“子类型”为“NC 组件”,如图 6.25 所示。

6.4.1.4　创建制造模型

制造模型的创建过程,实际上是零件模型(参考模型)和毛坯模型(工件)之间的装配

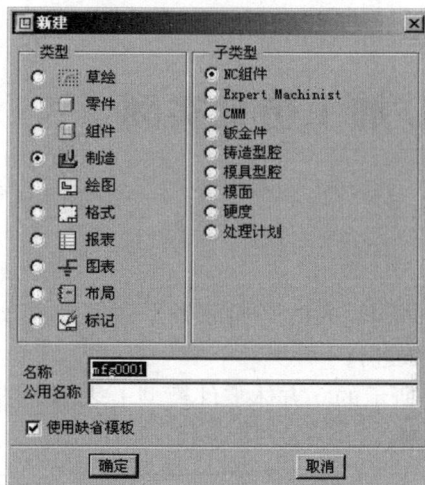

图 6.25　创建加工文件

过程。

（1）单击"制造"命令菜单中的"制造模型"命令，系统显示如图 6.26 所示的制造模型对话框。

（2）单击制造模型对话框中的"装配"命令，进行零件装配。弹出制造模型类型对话框，如图 6.27 所示。

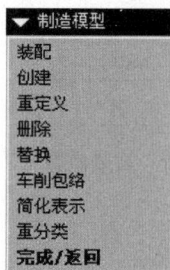

图 6.26　制造模型对话框

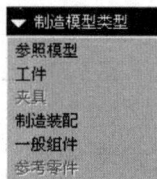

图 6.27　制造模型类型对话框

（3）调出零件模型。单击制造模型类型对话框中的"参照模型"命令，系统显示打开对话框。选取上文创建的零件模型（face.prt），并打开该零件模型。系统自动把该零件调入当前的制造模型中，并作为加工文件的一个组件存在。

（4）调出毛坯模型。单击制造模型类型对话框中的"工件"命令，系统显示打开对话框。选取上文创建的毛坯模型（workpiece 1.prt），并打开该毛坯模型。系统自动把该工件调入当前的制造模型中，并作为加工文件的一个组件存在。

（5）装配模型。两个模型都调入加工模型之后，弹出如图 6.28 所示的元件装配操控栏。在其中选择坐标系的约束类型，使用零件模型和毛坯模型中的"缺省"坐标系进行装配，单击 ✔，返回制造模型对话框。

6.4.1.5　进行操作设置

在"制造"命令菜单中单击"模型设置"命令，然后选择"操作"命令；或者在"操作"命令

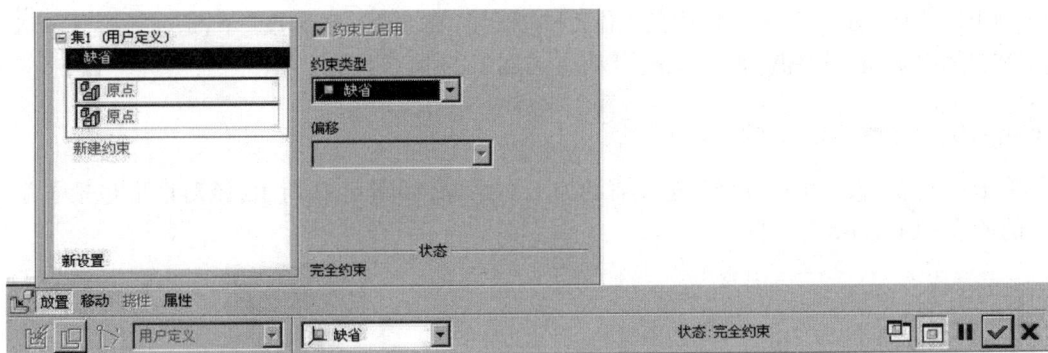

图 6.28　元件装配操控栏

菜单中单击"加工",然后选择"操作"命令进行操作设置,操作设置内容如图 6.6 所示。设置 NC 机床、加工零点和退刀曲面。

(1)设置机床

一个三轴铣床即可满足加工一个平面的要求。机床的其他选项使用缺省设置即可。

(2)设置加工零点

加工零点的设置可以通过创建、选择坐标系实现。

为了设置加工零点,需创建一个新的坐标系。单击如图 6.3 所示的菜单栏中的"插入"→"模型基准"→"坐标系",系统弹出如图 6.29 所示的坐标系创建对话框,创建坐标系 ACSO。对于铣削加工来说,坐标系中的 Z 坐标轴方向必须是铣削刀具的进给方向。因此,需要在图 6.29 中选择"定向"选项卡,改变坐标轴的方向。使用零件模型的前表面定义 Y 坐标轴,左侧面定义 X 坐标轴,单击 Flip 按钮可以使坐标轴反向。Z 坐标轴的方向由 X、Y 坐标按右手定则得到。设置好的坐标系如图 6.30 所示。单击"确定",完成坐标系设置。然后单击"加工零点"右侧的箭头,系统会提示用户选择坐标系。选择新建坐标系 ACSO 即可。

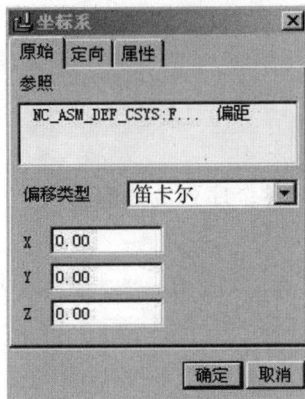

图 6.29　坐标系创建对话框

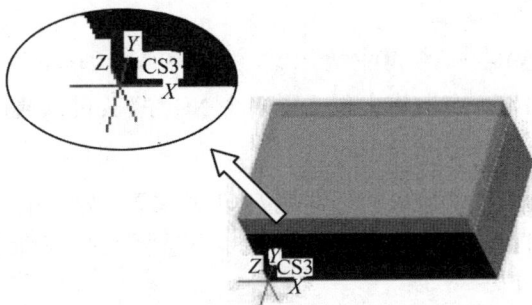

图 6.30　坐标系

(3)设置退刀曲面

单击如图 6.6 所示的操作设置对话框中"加工零点"右侧的箭头,系统显示退刀选取对话框,如图6.31所示。单击窗口中的"沿Z轴"按钮,在"输入Z深度"下面的文本框中输入数值25,单击"确定"按钮。此时系统自动生成加工的退刀平面。

6.4.1.6 设置NC序列

单击如图6.4所示的"操作"进入辅助加工对话框,如图6.32所示,该对话框包括了系统提供的所有加工方法。

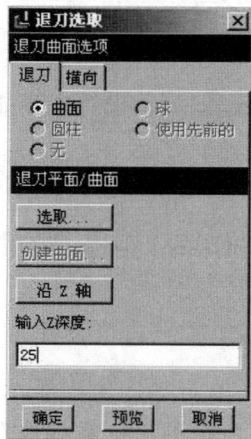

图6.31 退刀选取对话框

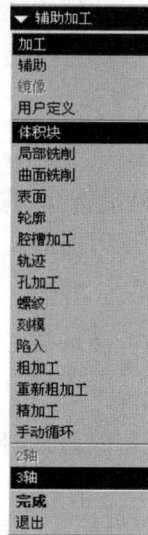

图6.32 辅助加工对话框

（1）设置加工方式为平面加工

使用缺省的"加工"选项,选择加工的方式为"表面",单击"完成"完成平面加工方法的设置。

（2）设置平面加工参数

在图6.10所示的序列设置对话框中,勾选"名称"复选框,并接受其他的默认选项,单击"完成"。

（3）在信息框中输入该序列的名称"face"

如果一个操作中包括了多个NC序列,可以通过序列名区分各个序列的内容。

（4）设置刀具

加工平面可以使用端铣刀,刀具参数设置如图6.33所示。单击"应用"按钮将设置的刀具应用到加工中。在"文件"菜单下选择"保存"命令保存刀具设置,并单击"确定"退出刀具设置窗口。

（5）设置加工工艺参数

在如图6.11所示的制造参数对话框中单击"设置"命令,直接设置加工工艺参数。系统弹出如图6.12所示的参数树对话框。加工参数主要包括主轴转速、走刀速度、每次的加工深度等。参数树对话框中所有值为"-1"的选项都是必须设置的选项。按照图6.34设置加

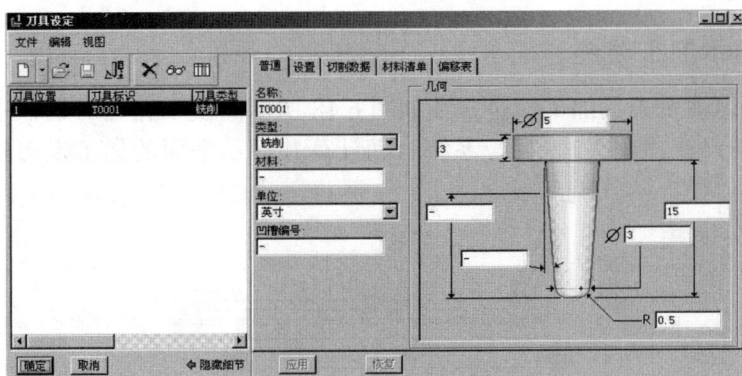

图 6.33　刀具参数设置

工工艺参数。单击"文件"菜单下的"退出"选项,退出加工工艺参数设置窗口。("文件"菜单下有两个"退出"命令,上面的"退出"命令表示退出窗口并使用窗口设置的参数值;而下面的"退出"命令表示终止参数设置。)

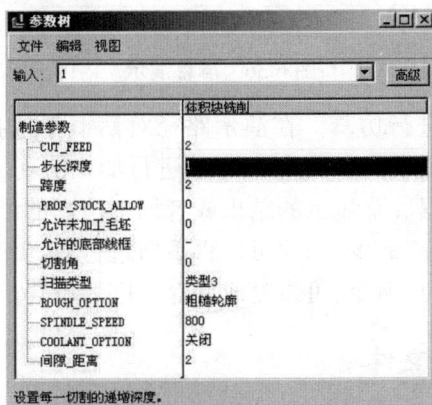

图 6.34　设置加工工艺参数

在如图 6.11 所示的制造参数对话框中单击"完成"选项,完成加工工艺参数设置。

(6) 选择加工平面

系统显示"选择平面"菜单。在其中选择"模型"命令,使用零件模型中的表面定义加工平面。在图形窗口中选择零件模型的上表面为加工平面,如图 6.35 所示。单击"确定",完成加工平面的设置。

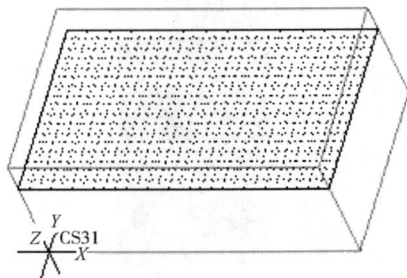

图 6.35　加工平面

🔲 6.4.1.7 演示加工轨迹

（1）使用屏幕演示刀具加工轨迹。在如图 6.18 所示的演示路径对话框中选择"屏幕演示"，使用缺省的设置，单击"确定"。系统自动计算并显示平面的加工走刀轨迹，如图 6.36 所示。

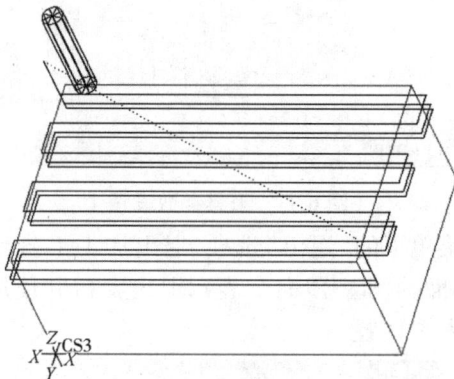

图 6.36　屏幕演示

（2）也可以将加工过程进行仿真。在演示路径对话框中选择"NC 检测"（如图 6.20 所示），系统显示"NC 显示"菜单，单击"运行"，系统进行加工仿真。

（3）修改序列参数。根据屏幕显示的结果或者加工仿真的结果，在如图 6.17 所示的 NC 序列对话框中单击"序列设置"命令，用户可以再重新进行 NC 序列的设置。

在菜单中单击"完成序列"命令，可以完成并保存序列设置。

🔲 6.4.1.8 生成 CL 数据文件

在如图 6.15 所示的"制造"菜单中单击"CL 数据"命令，系统弹出如图 6.37 所示的 CL 数据对话框。单击"输出"命令，弹出"输出"菜单。使用缺省的"选取一"命令，并在"选取特征"菜单中单击"NC 序列"命令，选中刚才设置的 face 序列，单击"完成"。

图 6.37　CL 数据对话框

系统弹出"路径"菜单。在其中选择"文件"命令,系统弹出如图 6.38 所示的输出类型对话框,接受缺省的文件格式设置,并选取"MCD 文件"选项,单击"完成",完成输出方式的设置。系统弹出另存为对话框。在其中输入刀位文件的名称,接受缺省的文件格式"﹡.ncl",单击对话框中的"确定"按钮,输出 CL 文件。

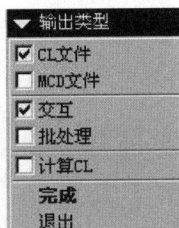

图 6.38　输出类型对话框

6.4.1.9　后置处理

在如图 6.15 所示的"CL 数据"菜单中选择"后置处理"命令,系统显示打开文件对话框。在其中选择刚刚生成的 face.ncl 文件,单击"打开"。系统弹出"后置期处理选项"菜单,如图 6.15 所示,使用默认的选项,并单击"完成",系统弹出后置处理列表对话框,如图 6.16 所示。该对话框显示了系统提供的所有后置处理器。用户根据自己使用的数控机床选择合适的后处理器。例如,选择 UNCX31.P12。选取完毕之后,系统自动生成 NC 文件。文件名与所选择的刀位文件名相同,文件的格式为"﹡.tap"。该文件可以用来驱动数控机床进行加工。打开刚才生成的 face.tap 文件,如图 6.39 所示。

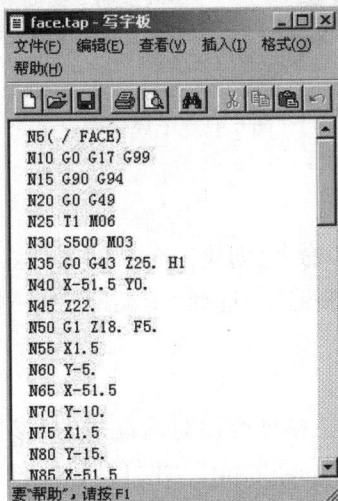

```
N5( / FACE)
N10 G0 G17 G99
N15 G90 G94
N20 G0 G49
N25 T1 M06
N30 S500 M03
N35 G0 G43 Z25. H1
N40 X-51.5 Y0.
N45 Z22.
N50 G1 Z18. F5.
N55 X1.5
N60 Y-5.
N65 X-51.5
N70 Y-10.
N75 X1.5
N80 Y-15.
N85 X-51.5
```

图 6.39　生成的数控文件

6.4.2　铣削轮廓

轮廓加工主要用来加工零件的外围轮廓,通常作为精加工的方法使用,也可以作为粗加工的方法使用。轮廓加工采用等高的方式沿着轮廓曲面几何形状进行分层加工。在 Pro/E

中轮廓加工利用如图 6.32 所示的辅助加工对话框中的"轮廓"命令完成。

本实例要加工如图 6.40 所示的零件模型的外侧形状。

🔹 6.4.2.1　创建参考模型

使用缺省模板，创建一个文件名为"profile"的零件模型，如图 6.40 所示。零件模型可使用拉伸特征创建。保存零件模型。

图 6.40　零件模型

🔹 6.4.2.2　创建毛坯模型

使用缺省模板，创建一个文件名为"workpiece 2"的毛坯模型，如图 6.41 所示。保存毛坯模型。

图 6.41　毛坯模型

🔹 6.4.2.3　创建加工文件

单击"文件"菜单中的"新建"命令，创建一个新的文件。在如图 6.1 所示的新建对话框中一定要选择文件的"类型"为"制造"。选择"子类型"为"NC 组件"。

🔹 6.4.2.4　创建制造模型

（1）单击如图 6.27 所示的制造模型类型对话框中的"参照模型"命令，系统显示打开对话框。选取上文创建的零件模型"profile.prt"，并打开该零件模型。系统自动把该零件调入当前的制造模型中，并作为加工文件的一个组件存在。

（2）单击如图 6.27 所示的制造模型类型对话框中的"工件"命令，系统显示打开对话框。上文创建的毛坯模型"workpiece 2.prt"，并打开该毛坯模型。系统自动把该工件调入当前的制造模型中，并作为加工文件的一个组件存在。

（3）装配模型。两个模型都调入加工模型之后，弹出装配操控栏。在其中选择坐标系的约束类型，使用零件模型和毛坯模型中的"缺省"坐标系进行装配。之后返回如图 6.26 所示的制造模型对话框。完成后的制造模型如图6.42所示。

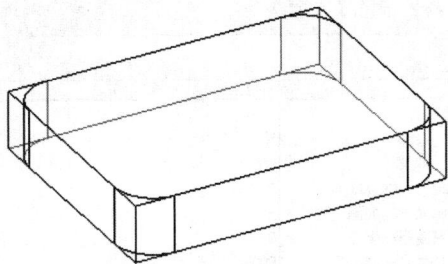

图6.42　制造模型

6.4.2.5　进行操作设置

在"制造"命令菜单中单击"制造设置"命令,然后选择"操作"命令;或者在"制造"命令菜单中单击"加工",然后选择"操作"命令进行操作设置,操作设置内容如图6.6所示。其中NC机床、加工零点是必须设置的内容。

(1)设置机床

使用一个三轴铣床完成轮廓的加工。机床的其他选项使用缺省设置。

(2)设置加工零点

利用如图6.3所示的菜单栏中的"插入"→"模型基准"→"坐标系"创建坐标系ACSO。注意调整坐标轴方向,使其方位和机床坐标系的规定一致。然后单击如图6.6所示的"加工零点"右侧的箭头,系统会提示用户选择坐标系。选择新建坐标系ACSO即可。

(3)设置退刀平面

在如图6.31所示的退刀选取对话框中单击窗口中的"沿Z轴"按钮,在"输入Z深度"下面的文本框中输入数值20,单击"确定"按钮。

6.4.2.6　设置NC序列

选择加工进入如图6.32所示的辅助加工对话框,进行NC序列设置。

(1)设置加工方式为轮廓加工。使用缺省的"加工"选项,选择加工的方式为"轮廓",单击"完成",完成平面加工方法的设置。

(2)设置轮廓加工参数。在如图6.10所示的序列设置对话框中,勾选"名称"复选框,并接受其他的默认选项,单击"完成"。

(3)在信息框中输入该序列的名称"profile"。

(4)设置刀具。使用端铣刀来加工轮廓,设置合适刀具参数。单击"应用"按钮将设置的刀具应用到加工中。

(5)设置加工工艺参数。在如图6.11所示的制造参数对话框中,单击"设置"命令。按照如图6.43所示的参数树对话框设置工艺参数。单击"文件"菜单下的"退出"选项,退出加工工艺参数设置窗口。在制造参数对话框中单击"完成",完成加工工艺参数设置。

(6)选择加工轮廓。在系统弹出的"选取表面"菜单中选择"模型"。然后在图形窗口中

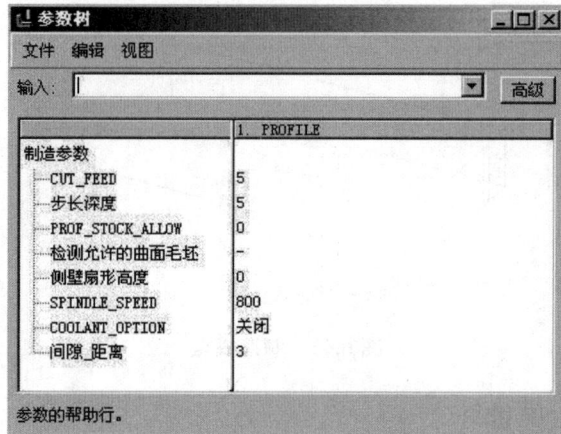

图 6.43　参数树对话框

选择零件模型的四周的侧表面为加工平面，如图 6.44 所示。单击"完成"，完成加工平面的设置。

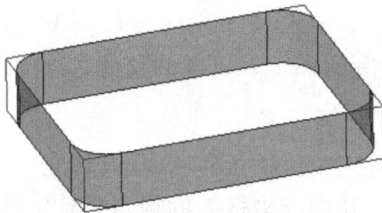

图 6.44　加工平面

📦 6.4.2.7　演示加工路径

在如图 6.18 所示的演示路径对话框中选择"屏幕演示"，使用缺省的设置，单击"确定"。系统自动计算并显示平面的加工走刀轨迹，如图 6.45 所示。

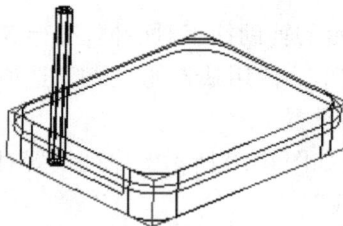

图 6.45　屏幕演示

根据屏幕显示的结果或者加工仿真的结果，在如图 6.17 所示的 NC 序列对话框中单击"序列设置"命令，用户可以重新进行 NC 序列的设置。

📦 6.4.2.8　生成 CL 数据文件

在"制造"菜单中依次选择"CL 数据"→"输出"→"选取一"→"NC 序列"→"profile"，单击"完成",如图 6.37 所示。在如图 6.38 所示的输出类型对话框中接受默认的文件格式设置,勾选"MCD 文件"前面的复选框,单击"完成"。

在系统弹出的另存为对话框中输入文件的名称"profile.ncl",单击对话框中的"OK"按钮,输出 CL 文件。

6.4.2.9　后置处理

在如图 6.15 所示的"CL 数据"菜单中选择"后置处理"命令,然后在打开文件对话框中选择刚刚生成的"profile.ncl"文件,单击"打开"按钮。系统接着弹出如图 6.15 所示的"后置期处理选项"菜单,使用其默认的选项,并单击"完成"。在弹出的如图 6.16 所示的后置处理列表对话框中选择 UNCX31.P12,系统自动生成 profile.tap 数控文件,如图 6.46 所示。

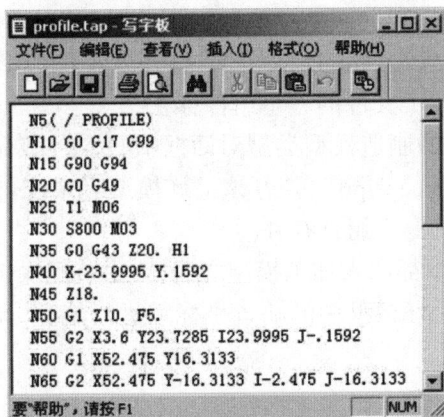

图 6.46　数控文件

6.4.3　体积块铣削实例

体积块铣削是 Pro/NC 数控加工中最基本的材料去除方法和工艺手段。在体积块铣削中,材料是一层一层地被去除,所有的层切面都与退刀面平行。体积块加工方法一般用于粗加工,可以去除工件外部材料,或是凹槽的粗加工,将 Rough_Option 参数值设为 Prof_Only 也可以进行凹槽的精加工。

本实例加工仿真如图 6.47 所示的零件模型的内型腔。

6.4.3.1　创建参考模型和毛坯模型

使用缺省模板,创建一个文件名为"profile"的零件模型和名为"workpiece 3"的毛坯模型,分别如图 6.47、图 6.48 所示,保存文件。

6.4.3.2　创建加工文件

单击"文件"菜单中的"新建"命令,创建一个新的文件。在如图 6.1 所示的新建对话框中选择文件的"类型"为"制造",选择"子类型"为"NC 组件"。

图 6.47 零件模型

图 6.48 毛坯模型

6.4.3.3 创建制造模型

（1）单击如图 6.27 所示的制造模型类型对话框中的"参照模型"命令，系统显示打开对话框。选取上文创建的零件模型"profile.prt"，并打开该零件模型。系统自动把该零件调入当前的制造模型中，并作为加工文件的一个组件存在。

（2）单击如图 6.27 所示的制造模型类型对话框中的"工件"命令，系统显示打开对话框。上文创建的毛坯模型"workpiece 3.prt"，打开该毛坯模型。系统自动把该工件调入当前的制造模型中，并作为加工文件的一个组件存在。

（3）装配模型。两个模型都调入加工模型之后，弹出装配操控栏。在其中选择坐标系的约束类型，使用零件模型和毛坯模型中的缺省坐标系进行装配。之后返回如图 6.26 所示的制造模型对话框。

6.4.3.4 设置加工零点

利用如图 6.3 所示的菜单栏中的"插入"→"模型基准"→"坐标系"创建坐标系 ACSO。注意调整坐标轴方向，使其方位和机床坐标系的规定一致，如图 6.49 所示。

6.4.3.5 建立铣削体积块

单击如图 6.3 所示的菜单栏中的"插入"→"制造几何"→"铣削体积块"，采用拉伸工具创建如图 6.50 所示的曲面。

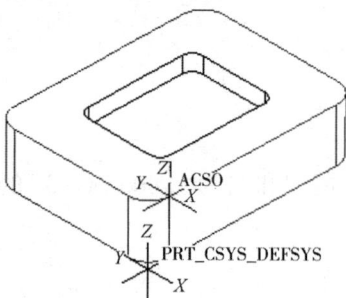

图 6.49 选择加工零点

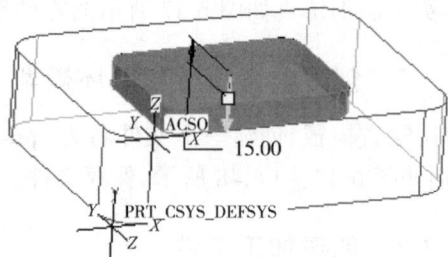

图 6.50 加工表面

6.4.3.6　进行操作设置

在"制造"命令菜单中单击"制造设置"命令,然后选择"操作"命令;或者在"制造"命令菜单中单击"加工",然后选择"操作"命令进行操作设置,操作设置内容如图 6.6 所示。需要设置 NC 机床、加工零点和退刀曲面。

6.4.3.7　设置 NC 序列

选择加工进入如图 6.32 所示的辅助加工对话框,进行 NC 序列设置。

(1)设置加工方式为"体积块"。使用缺省的"加工"选项,选择加工的方式为"体积块",单击"完成",完成加工方法的设置。

(2)设置加工参数。在如图 6.10 所示的序列设置对话框中,勾选"名称"复选框,并接受其他的默认选项,单击"完成"。

(3)在信息框中输入该序列的名称"profile"。

(4)设置刀具。使用端铣刀来加工轮廓,设置合适的刀具参数。单击"应用"按钮,将设置的刀具应用到加工中。

(5)设置加工工艺参数。在如图 6.11 所示的制造参数对话框中,单击"设置"命令。按照如图 6.51 所示设置加工工艺参数。单击"文件"菜单下的"退出"选项,退出加工工艺参数设置窗口。在制造参数对话框中单击"完成",完成加工工艺参数设置。

(6)选择加工表面。单击如图 6.13 所示的"曲面拾取"→"铣削曲面"→"完成"命令,选取所添加的"铣削体积块",单击"完成"按钮,完成加工表面选择。

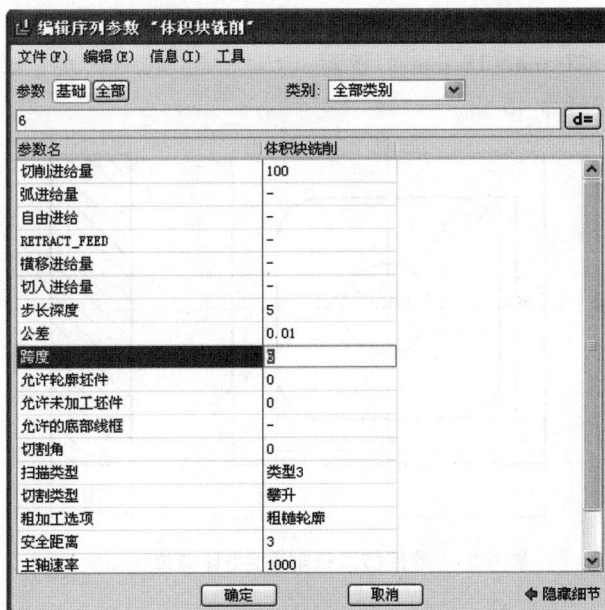

图 6.51　设置加工工艺参数

6.4.3.8　演示加工路径

在如图 6.18 所示的演示路径对话框中选择"屏幕演示"，使用缺省的设置，单击"确定"。系统自动计算并显示平面的加工走刀轨迹，如图 6.52 所示。

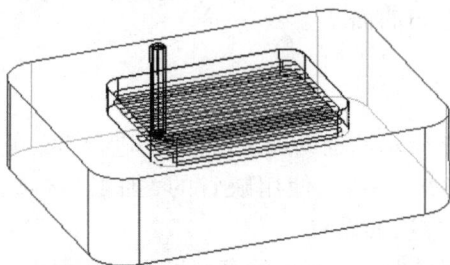

图 6.52　屏幕演示

6.4.3.9　生成 CL 数据文件

生成 CL 数据文件，进行后置处理。

思考与练习题

1. 简述 Pro/NC 的加工流程。
2. 如何设置 NC 加工的退刀平面？
3. 简述 Pro/NC 中加工仿真包括的内容。
4. 毛坯为 70 mm×70 mm×18 mm 的板材，六面已粗加工过，要求数控仿真铣削出如图 6.53 所示的槽，工件材料为 45 钢。

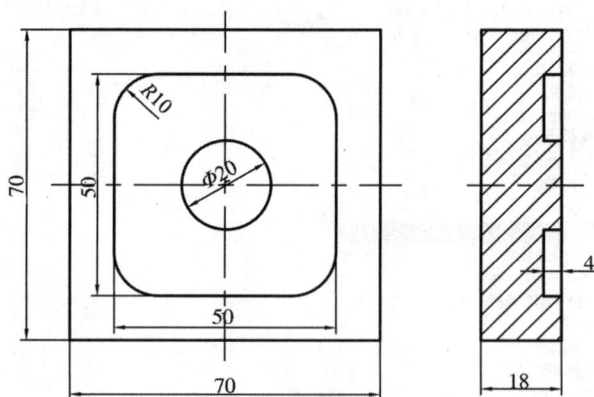

图 6.53　数控仿真铣削零件图（单位：mm）

参考文献

[1] 何法江.机械 CAD/CAM 技术[M].北京:清华大学出版社,2012.

[2] 唐承统,阎艳.计算机辅助设计与制造[M].北京:北京理工大学出版社,2008.

[3] 李杨,王大康.计算机辅助设计及制造技术[M].2 版.北京:机械工业出版社,2012.

[4] 王隆太.机械 CAD/CAM 技术[M].4 版.北京:机械工业出版社,2017.

[5] 乔立红,郑联语.计算机辅助设计与制造[M].北京:机械工业出版社,2014.

[6] 北京兆迪科技有限公司.Pro/ENGINEER 中文野火版 5.0 产品设计实例精解:增值版[M].北京:机械工业出版社,2017.

[7] 张武军,徐海军. Pro/ENGINEER Wildfire 4.0 中文版数控加工实例精解[M].北京:机械工业出版社,2008.

[8] 李预斌.精通 Pro/ENGINEER 中文野火版实例进阶篇[M].北京:中国青年出版社,2004.